U0320903

牛羊规范化
养殖技术手册

韩增祥　喇成录　主编

中国农业科学技术出版社

图书在版编目（CIP）数据

牛羊规范化养殖技术手册／韩增祥，喇成录主编．—北京：中国农业科学技术出版社，2015.5

ISBN 978 - 7 - 5116 - 2063 - 7

Ⅰ.①牛… Ⅱ.①韩…②喇… Ⅲ.①养牛学 - 手册 ②羊 - 饲养管理 - 手册 Ⅳ.①S823 - 62 ②S826 - 62

中国版本图书馆 CIP 数据核字（2015）第 075538 号

责任编辑 崔改泵
责任校对 贾海霞

出 版 者 中国农业科学技术出版社
北京市中关村南大街 12 号 邮编：100081
电 话 (010)82109194(编辑室) (010)82109702(发行部)
(010)82109709(读者服务部)
传 真 (010)82106650
网 址 http://www.castp.cn
经 销 者 各地新华书店
印 刷 者 北京富泰印刷有限责任公司
开 本 850mm×1 168mm 1/32
印 张 4.25
字 数 108 千字
版 次 2015 年 5 月第 1 版 2015 年 5 月第 1 次印刷
定 价 18.00 元

《牛羊规范化养殖技术手册》
编 委 会

主　　任	李树青			
副 主 任	韩兴斌	东　科		
成　　员	李有山	康　宁	喇成录	贺金祥
	尹芝霞	赵　荣	韩增祥	何长芳

主　　编	韩增祥	喇成录		
副 主 编	何长芳			
编写人员	喇成录	贺金祥	尹芝霞	康　宁
	孙建忠	马兰萍	刘文义	赵　荣
	赵光瀛	吴寿玉	李积智	王世玉
	仲海顺	俞长兴	韩连冰	韩增祥
	杨予海	王　杰	何长芳	张　寿
	黄　卫			

序言一

  经过多年的政策引导与扶持，海东市畜牧业正处于从传统畜牧业向现代畜牧业转变的关键时期，生产方式正在由原来的小规模分散饲养逐步向规模化、集约化、标准化、现代化饲养方式转变，如何开展科学养殖，确保肉蛋奶品质及养殖经济、生态、社会效益，是海东市所有畜牧业从业人员的共同任务和光荣使命。循化县是海东市牛羊繁育育肥的优势产区，畜牧兽医主管部门组织行家里手总结多年的生产实践经验，吸纳先进的畜牧业生产技术成果，编写的《牛羊规范化养殖技术手册》既是对以往工作的总结，也是对畜牧业生产技术进步的期冀，表现出了该县畜牧系统严谨求实、奋发向上的工作作风。该手册从海东市近几年蓬勃兴起的牛羊育肥生产不足入手，如饲料配方不合理、营养不均衡、兽药使用不规范等，有的放矢，论述了循化县饲草料资源及饲草料营养成分、饲料调制、日粮配制，牛羊饲养管理、常见牛羊疾病及疫病防治，兽药科学使用与管理，规模养殖场标准化建设等技术和基本知识，详略得当，具有很强的针对性、实用性和可操作性。该手册理论知识表述由浅入深，循序渐进，文字表述通俗易懂，是海东市广大农民群众牛羊养殖生产技术的实用工具书，同时也可作为基层干部和专业技术人员指导牛羊养殖生产的参考书使用。

序言二

畜牧业是循化县的传统产业,有着悠久的历史。长期以来,全县各族群众通过发展自繁自育、高效养殖,使养殖业得到了快速发展,全县草食畜社会饲养总量突破百万头只,畜牧业已成为循化县农村经济较快发展的支柱产业和群众增收致富的主要来源之一。随着社会经济的蓬勃发展、人们消费水平的不断提高以及膳食结构的日益变化,人们对牛羊肉尤其是优质牛羊肉的消费需求越来越高,牛羊肉的品质也被全社会高度关注。

实践证明,只有充分考虑牛羊的生物学特点,了解影响牛羊肉生产的因素,掌握科学饲养管理技术,才能有效预防疾病,实现增产与高效的双赢。而发展标准化规模养殖是在扩大养殖规模的同时,依靠先进科技,采用高效高质量的标准化养殖技术进行产业化生产,可有效解决当前养殖业生产经营中存在的诸多问题,向社会提供更营养和更健康的清真牛羊肉,并促进养殖业提档升级,提高畜牧业综合生产效益。

本手册是以理论联系实际为原则,结合当前养殖业发展形势,针对养殖生产中出现的各类问题进行充分调查研究,广泛咨询征求有关专家意见和建议,并在不断汲取其他州县先进经验的基础上编写的。本书简单实用,可为养殖户及畜牧兽医工作者及技术人员提供一定的参考,同时也为进一步促进养殖业的规范化起到积极的作用。

前　言

　　为了进一步促进青海省农区牛羊养殖的健康发展，提高集约化、现代化养殖水平，向社会提供更多优质安全的牛羊肉产品，我们依据海东市黄河上游菜篮子工程规划的要求和循化县牛羊养殖中实际存在的问题，为方便广大专业技术人员及养殖人员查阅和了解相关知识，编写了这本《牛羊规模化养殖技术手册》。

　　在编写过程中，邀请青海大学、青海畜牧兽医职业技术学院、青海河湟青牧饲料科技开发有限公司的专业人员和在畜牧业一线工作的技术人员共同完成了本手册的编写。由于各地的具体情况有异，加上编者水平有限，手册中难免存在疏漏和不足，敬请同行和广大养殖能手批评指正。

编　者

2015 年 1 月

目　　录

一、全国牛羊产业状况

近年来，各级农业部门紧紧围绕增产保供的目标，认真落实全国牛羊肉生产发展规划，把加快牛羊生产发展作为当前重中之重，加大政策扶持引导，加快转变生产方式，健全完善良种繁育体系，加强饲草料资源开发利用，增强金融保险支撑，初步缓解了牛羊肉市场供应偏紧的情况，我国牛羊生产保持持续稳定增长。据农业部资料，2013 年，全国牛出栏 4 828.2 万头、羊出栏 2.8 亿只，与 2000 年相比分别增长了 26.8%、34.7%，年均增长 1.8% 和 2.3%。牛肉、羊肉产量分别为 673.2 万吨和 408.1 万吨，分别增长 31.2% 和 54.5%，年均增长 2.1% 和 3.4%[①]。

中央和地方政府进一步加大扶持力度，肉羊存栏稳步增加，肉牛存栏降势趋缓，牛羊肉生产加快发展。中央在 15 个省份启动实施肉牛基础母牛扩群增量项目，对规模养殖场户基础母牛扩群给予补贴，各地饲养母牛的积极性有所提高。同时，在安徽等 10 省区启动实施南方现代草地畜牧业推进行动，在保护草原生态环境的基础上，保障牛羊肉供给，促进农民增收。农业部定点监测数据表明，2014 年前 3 个季度牛肉产量同比增加 0.5%，羊肉产量同比增加 2.8%；能繁母牛存栏 8 月开始恢复增长，连续 3 个月累计增幅达 1.9%，初步扭转了 2009 年以来持续下滑的趋势[②]。

在市场价格和国家扶持政策的持续拉动下，牛羊稳定发展的基础更加牢固，综合生产能力进一步提升。2012 年启动实施的肉

---

① 资料来源：中国农业信息网
② 资料来源：农业部网站

牛肉羊标准化规模养殖场（小区）建设项目，资金规模进一步增加，带动了牛羊适度规模养殖的发展，规模养殖比重快速上升，肉牛年出栏 50 头以上、肉羊年出栏 100 只以上的规模化养殖比重分别达到 27.3% 和 31.1%，同比分别提高 1.2 个和 2.8 个百分点[①]。

目前，我国肉类产量人均已达到 60 千克，超过世界平均水平，但高端肉不足，低端肉过剩，肉类产量已达到"量的满足"，而"质的升级"尚有很大差距。随着人民生活水平的提高，对安全、绿色健康肉产品的要求，对饲料加工、养殖户、屠宰加工企业提出了更高的要求。

---

① 资料来源：中国农业信息网

二、青海省农区牛羊养殖现状及存在问题

随着青海省生态畜牧业的深入发展，农区规模养殖场（户）逐年增加，农区每年育肥出栏屠宰的牛羊肉产量约占全省总产量的1/3，但一部分肉品质上出现了一些问题。牛羊屠宰率高、产出高，但板油（盆腔腹脂油）比例也较高，背膘厚，肉的风味，尤其是羊肉的风味比牧区草膘羊肉相对较差，不同程度地影响到在省外的竞争力。

主要原因：养殖环节中饲草、饲料存在问题比较突出。由于追求育肥牛羊的生长速度和数量，产量上去了，却伴随着一些地方出现了羊肉品质和风味下降的问题。

青海省从2000年开始实施西繁东育工程，结合多种项目的联动实施和国家政策的扶持，农区育肥的牛羊每年达300余万头只。农区牛羊养殖的规模逐年扩大，每年销售到新疆等地的活羊数量约占全省育肥羊的30%，而且以膘肥较大的羊为主。在这种市场导向和需求的促使下，偏重生长速度和产量，而对生产安全、优质肉产品的源头环节——饲草的调制加工和精饲料的规范配制未引起足够重视。

主要存在以下4方面问题。

（1）饲草种类少，缺乏青绿饲料，秸秆调制加工水平低。

（2）精料中蛋白质饲料种类单一，配制不规范。

（3）牛羊日粮中营养不平衡，缺乏维生素、矿物质以及消化促进剂。

（4）缺乏科学饲养知识，部分饲料添加剂使用不合理。

三、牛羊的饲料组成

牛羊的饲料由粗饲料、青绿饲料、能量饲料、蛋白质饲料、矿物质饲料、维生素等组成。

1. 粗饲料

青海省饲喂牛羊的粗饲料主要有：燕麦青干草、小麦和青稞秸秆、黄玉米秸秆、苜蓿干草、各种豆秸等。粗饲料的营养价值虽然比其他饲料低，但因其产量大，通常在牛羊日粮中可占较大比重，具有来源广、成本低、粗纤维含量高、适口性差等特点。另外，其蛋白质、矿物质、维生素含量差异较大。

2. 青绿饲料

主要指新鲜牧草，大部分青绿饲料的适口性好，营养相对平衡。如果按干物质（除去水分后）计算，青绿饲料含粗蛋白质 10%～20%，粗脂肪 4%～5%，粗纤维 18%～30%，粗灰分 6%～11%，同时含有各种酶和有机酸，能促进动物消化液分泌，增进食欲。青绿饲料中的蛋白质营养价值较高，其中，各种必需氨基酸，特别是赖氨酸、蛋氨酸和色氨酸的含量较多；此外，青绿饲料中维生素的含量很丰富（除维生素 D 外），还含有丰富的铁、锰、锌、铜等微量元素，粗纤维中可消化纤维含量高，所以，夏秋季牧区放牧的牛羊冬季屠宰后肉的草膘味浓。

3. 青贮饲料

青贮是利用微生物的发酵作用，达到长期保存青绿饲料营养特性的一种方法。青海省能青贮的饲草主要为玉米和青燕麦草，其中，玉米又分为青贮玉米（含玉米果穗）和黄贮玉米（摘掉玉米果穗的）。

青贮时即将新鲜植物切碎后紧密地堆积在不透气的青贮窖中，通过微生物（主要是乳酸）发酵而成。当乳酸在青贮原料中积累到一定浓度时，就能抑制其他微生物活动，并制止原料中的养分被其他微生物分解破坏，而使其得到很好的保存。乳酸在发酵过程中会产生大量热能，当青贮原料温度上升至50℃时，乳酸菌停止活动，也意味着发酵结束。由于青贮原料是在密闭且微生物停止活动的条件下贮存的，因此，可以长期保存不变质。青贮饲料具有酸香味，柔软多汁，能刺激动物食欲，促进消化液分泌和胃肠蠕动，增强消化功能，促进精饲料和饲料中营养物质的利用，从而提高秸秆的消化率和适口性。由于在密封条件下，青贮饲料可长期保存，主要用作青海省农区冬、春缺乏青绿饲料的补充。同时，青贮饲料如果保存好，就不会受到风吹日晒和雨淋的影响，且避免了火灾，是一种经济、安全贮存秸秆的方法。而且秸秆青贮后，所含的病菌、虫卵和杂草种子失去活力，可减少对环境的危害。

4. 蛋白质饲料

饲料干物质中粗蛋白质含量大于或等于20%，而粗纤维小于18%的饲料，称为蛋白质饲料。蛋白质饲料分为动物性蛋白饲料（肉骨粉、血粉、鱼粉等）和植物性蛋白饲料［菜籽饼（粕）、黄豆饼（粕）、棉籽饼（粕）、花生饼（粕）、胡麻饼、啤酒糟等］，青海省产的豌豆、蚕豆也属于蛋白质饲料。牛羊用蛋白饲料主要是指植物性蛋白饲料。

（1）饼粕饲料。饼是通过机械压榨提取油后的块状副产品，用有机溶剂油浸提法提取油后的碎片状副产品称为粕。饼和粕的区别：加工方法不同，产品品质也不同。

菜籽饼（粕）。是青海省的主要植物性蛋白饲料。其粗蛋白含量在33%~36%，其必需氨基酸含量较高，但赖氨酸低于黄豆饼（粕），氨基酸的有效性也低于黄豆饼（粕），适口性比黄豆饼粕差。

菜籽饼（粕）在成年牛羊饲料中用量以不超过15%为宜，羔羊、犊牛中不超过5%为宜。

菜籽饼（粕）中含有不易被吸收利用的成分：主要为硫葡萄糖苷和芥酸，普通油菜中这两种成分含量高一些，所以，在饲料中添加量一般不超过15%，而"双低"油菜（托尔油菜）中这两种成分含量低一些，所以，在饲料中添加量可以超过15%。"双低"菜籽饼（粕）的粗蛋白质及各种氨基酸含量均比普通油菜饼（粕）中的含量高，是一种优质的蛋白质饲料资源，在饲料中可以代替部分黄豆饼（粕）。

因为普通菜籽饼中有毒成分种类较多，引起中毒危害的状况较为复杂，因而尽量购买菜籽粕饲喂，菜籽粕比菜籽饼中有毒有害成分少一些。一般小油坊生产的菜籽饼要经过煮熟后才能饲喂。

因为菜籽饼（粕）中赖氨酸含量比黄豆饼（粕）、棉籽饼（粕）中低，所以和黄豆饼（粕）、棉籽饼（粕）搭配饲喂牛羊，这样可达到氨基酸互补，以及氨基酸营养平衡的作用，更有利于牛羊吸收和生长。

黄豆饼（粕）。是目前最好的植物蛋白质资源，其蛋白质含量最高可达到46%左右，其中，含赖氨酸2.7%，是植物性蛋白饲料中赖氨酸含量最高的。蛋氨酸0.6%，维生素中核黄素和尼克酸含量高，粗脂肪1.9%，因此，大豆饼（粕）的营养价值较高，在牛羊精料中羔羊、犊牛料中一般以10%~15%为宜，成年牛和成年羊以5%~10%为宜，同时和其他植物蛋白饲料搭配使用，提高效果。

棉籽饼（粕）。粗蛋白质含量在 38% ~ 43%，在饲喂时成年育肥牛、羊用量以 4% ~ 5% 为宜，羔羊、犊牛料中 2% ~ 3% 为宜，母羊、母牛料中一般不用。因棉籽饼（粕）中含有一种游离棉酚的有毒物质，对于瘤胃功能健全的成年牛羊来说，一般情况下不易引起中毒，但是，如果游离棉酚超越了瘤胃的解毒极限，仍会引起中毒。羔羊、犊牛瘤胃功能尚不完善，难以对游离棉酚起到解毒作用，因而较易中毒。另外，游离棉酚对母羊、母牛的繁殖有一定伤害作用，所以母羊、母牛料中一般不用。

棉籽饼（粕）、菜籽饼（粕）中既然含有一部分有毒物质，之所以还要应用，是因为我国植物性蛋白饲料资源匮乏，每年还要大量进口黄豆及其饼（粕）。因此，对自产的菜籽饼（粕）、棉籽饼（粕）在用量上不超过反刍动物瘤胃的中毒极限，仍然是一种较好的蛋白资源利用方式。

（2）其他蛋白饲料。胡麻饼——青海省民和等地有，但量较少利用方式。豌豆、蚕豆在牛羊饲料中使用也较少。另外，豌豆、蚕豆中还含有一种抗胰蛋白酶，生喂易引起腹泻，炒熟后才能饲喂，因量少又难以达到规模加工，所以，在牛羊饲料中应用的较少。

5. 能量饲料

指在干物质中粗纤维低于 18%，粗蛋白低于 20% 的谷实类（玉米、小麦、青稞、燕麦、高粱、稻谷和糙米）、糠麸类（麸皮、米糠、玉米皮）、块根、块茎类（马铃薯、甜菜渣及薯类渣）、油脂类（大豆油、棕榈油）等。

能量饲料的特点是：能值高，粗蛋白质和必需氨基酸含量低，粗纤维、粗灰分含量低，缺乏维生素 A 和维生素 D，但富含 B 族维生素和维生素 E。青海省能量饲料资源主要有小麦、青稞、燕麦，玉米主要从省外购进。油脂类目前还用的较少。玉米、小麦、青稞是常用的高能量饲料,这类饲料中淀粉含量高,消化性好。之所以把玉米、小麦等称作高能量是因为其籽实中按化学成分来分,50%~65%为淀粉,而淀粉由许多葡萄糖分子组成,葡萄糖进行氧化分解后能产生较多能量。

给牛羊饲喂玉米、小麦后,在动物消化道中淀粉酶的作用下,淀粉被降解为许多长短不一的多苷链片段(统称糊精),然后转变成麦芽糖,最后以葡萄糖等形式被吸收。葡萄糖在动物体内又进一步发生化学反应,一分子葡萄糖分解为二分子丙酮酸,丙酮酸又进一步进入到三羧酸循环反应中,一分子丙酮酸经过一个三羧酸反应产生 16 个 ATP(能量单位),医药上合成的药物称为三磷酸腺苷,同时产生热量。进入三羧酸循环反应的葡萄糖越多,产生的 ATP 和热量越多。产生的能量和热量供牛羊维持生命活动和体温,用来形成组织器官,剩余的部分在体内转化为脂肪贮存起来,以备饥饿时再分解利用。所以,能量饲料的范围较广泛,牛羊维持生命活动和生产肉、蛋、奶主要靠能量饲料,人的生命活动中食物主要是谷实类,其次才是含蛋白、脂肪高的肉、蛋、奶类。例如人在体乏无力的情况下,医生常开的治疗药物会有能量合剂——ATP(三磷酸腺苷)和辅酶 A。大部分情况下体弱病畜、消化不良的病畜治疗的注射药物中以葡萄糖液为主,再加上对症药物,虽然病畜进食较少或未进食,但补充了葡萄糖及对症药物后症状就好一些,原因就是食物中谷实类的化学组成最基本的单元——葡萄糖得到了补充。

根据植物性饲料的分类,天然牧草、农作物秸秆也是能量饲料,属低能量饲料,且产量大,来源广,资源丰富。因此,在牛羊日粮中,从谷实类饲料中可获得一部分能量,更多的还要从草中获得能量。

从草的结构上来看,植物的茎叶、秸秆的骨架都是由不同聚合形式的葡萄糖组成的,分为纤维素、半纤维素、木质素。木质素是一种复杂聚合物，不能利用，纤维素、半纤维素主要是由不同连接方式的葡萄糖分子组成的长链，在动物体内消化酶的作用下，把这些长链分解成短链，再分解成单个的葡萄糖分子，再进入三羧酸循环反应产生 ATP 和热量。牛羊的生理消化结构，可以把草中的复杂结构的纤维素加以利用，所以饲喂牛羊时，对草的作用要更加重视。

在能量饲料的应用中要注意几下几点。

玉米。脂肪含量高，淀粉含量 65.4%，能量高（羊消化能 14.27 兆焦/千克，肉牛增重净能 9.25 兆焦/千克），粗蛋白含量低，只有 7%～8.7%；蛋白质品质不高，其中，赖氨酸含量为 0.24%，蛋氨酸含量为 0.18%，因此，在牛羊饲料中要注意和粗蛋白质含量高、赖氨酸含量高的其他蛋白饲料搭配使用，尤其是犊牛、羔羊料，更应注意和其他蛋白饲料的合理搭配。

小麦、青稞。脂肪、淀粉含量低于玉米，粗蛋白和赖氨酸含量高于玉米。小麦中含有木聚糖、青稞中含有葡聚糖，属于不易吸收利用的物质，化学上称为抗营养因子。在以往饲喂羊时，整粒小麦、青稞喂羊后，排出的羊粪中会带出许多未消化的整粒小麦和青稞，所以要尽量破碎后饲喂。因羊体内的消化酶不够用，所以必须添加一种外源酶 NSP 酶（非淀粉多糖酶），这类 NSP 酶含木聚糖酶、葡聚糖酶、纤维素酶等，他们能帮助分解小麦、青稞中的抗营养因子木聚糖和葡聚糖，这样可提高小麦、青稞的消化利用率，进而降低饲喂成本。

农作物秸秆。主要是结构复杂的纤维素和半纤维素，他们都是由成千上万个葡萄糖分子组成的长链，同样，牛羊体内的消化酶无法把他们全部分解利用，所以添加含纤维素酶的 NSP 酶，就可以提高秸秆中粗纤维的利用率，降低精料的饲喂量，同时牛羊吸收消化的粗纤维越多，肉的品质越好，可达类似于牧区牛羊肉的品味。

6. 维生素

牛羊饲养中主要补充维生素 A、维生素 D、维生素 E 和烟酸，其他 B 族维生素牛羊瘤胃中微生物能合成，一般不必添加。维生素是维持动物生命活动和健康所必需的一类有机物质，不是组成动物机体结构的物质，但参加动物机体代谢的调节，一旦缺乏就会引发相应的维生素缺乏症，影响动物生产力、免疫力和动物产品品质。因此，补充维生素的目的，一是防止缺乏症的发生；二是达到理想的生产性能；三是提高免疫力；四是提高产品质量。

谷物类饲料中虽然含有一部分维生素 A、维生素 D、维生素 E、烟酸，但属于结合态形式，牛羊能吸收利用的很少，秸秆中含量更少。

（1）维生素 A。作用主要为：促进皮肤和黏膜的发育及再生能力，并有保护作用，调节能量饲料、蛋白质和脂肪的代谢，促进骨骼发育和提高繁殖能力，并有维护正常视力的作用。例如，在生产实践中，缺乏维生素 A 影响繁殖能力的提高，农区因缺乏青绿饲料和青贮饲料，饲草主要为农作物秸秆，所以育肥牛缺乏时会出现眼屎，犊牛缺乏维生素 A 会发生瞎眼病。维生素 A 还能增强动物对传染病和寄生虫病的抵抗力。

（2）维生素 D（主要为 D_3）。调节体内钙、磷的代谢和吸收，调节肾脏对钙和磷的排泄，控制骨骼中钙和磷的贮存及其活动状况。农区舍饲育肥阳光不足（牛羊皮肤经阳光照晒，可产生维生素 D 的前体物，进而转化成维生素 D_3），因而补充维生素 D 可促进钙、磷吸收，防止因维生素 D 缺乏而引起的软骨症和骨骼变形等症。

（3）维生素 E。又称为生育酚，它的生理功能主要是与畜禽生殖有关，同时又有抗氧化作用。在母牛、母羊的饲料中适量添加维生素 E，受胎率提高，能达到最佳繁殖水平。同时维生素 E

对羔羊、犊牛有促生长作用。

因饲料中的不饱和脂肪酸易氧化，且结构不稳定，极易被氧化物所破坏，形成较多的游离基和氢过氧化物，维生素 E 的作用是消除游离基，减少其破坏反应，防止脂肪酸因氧化而发生酸败。其表现为保护肉的脂肪和颜色在短期内不发生变化，保持肉的鲜红色。从食品上来讲保持肉的鲜红色使肉的货架期延长，从肉的品质来讲因延缓了酸败的进程，肉的品质好，风味好。

对人的健康来说，因为维生素 E 是一种强的抗氧化剂，在饲料中与硒同时添加，具有协同作用，通过饲料中添加维生素 E 和硒，人再食用维生素 E 和硒含量高的肉品，能增强人们抵抗癌症的能力。例如在人的日常生活中，切开洗净的马铃薯片，因未及时用，放置一段时间后，马铃薯切片表面从白色变为黑褐色，这就是与空气中的氧气发生了氧化反应的结果，这种表面已发黑的马铃薯就不能再食用了。

（4）烟酸。是动物生长、繁育等生理过程中必不可少的维生素。在以玉米等谷物为基础的牛羊日粮中，因结合态烟酸较多，且可利用的仅为 30% ~ 40%，因而必须添加。同时实践证明，在母羊、母牛饲料中添加烟酸有促进乳腺合成酪蛋白的作用，可提高产奶量。

7. 矿物质饲料

含牛羊在生长发育过程中需要的常量元素和微量元素的一类饲料称为矿物质饲料。

常量元素矿物质饲料主要包括食盐、碳酸钙（石粉）、碳酸氢钠（苏打）、磷酸氢钙、硫酸镁等。

（1）食盐。食盐（NaCl）由钠和氯组成，食盐既是营养品又是调味剂，它的主要作用是刺激唾液分泌，促进消化，提供钠、氯离子以维持体液的渗透压等，缺乏危害严重，过量也会产生毒副作用。一般饲料中缺钠的可能性比缺氯高。

牛羊不同生长阶段食盐的补给量不同，基本上在 0.5% ~ 1.5% 范围，以具体对象而定。在食盐的补充上要注意：必须用盐业公司正规渠道供应的食盐，千万不要图便宜购买含钾多的钾盐或皮革加工中用的盐，因为这些盐含钾及其他物质多，用来饲喂牛羊易发生中毒死亡，得不偿失。

（2）碳酸氢钠（小苏打）。白色结晶粉末，无臭，可溶于水。

小苏打可增加机体的碱贮备，防治代谢性酸中毒，饲喂后可中和胃酸，溶解黏液，促进消化。在牛羊饲料中应用后可调整瘤胃酸碱度，母牛、母羊应用后可增加泌乳量，提高乳脂率。

正常情况下，牛羊瘤胃中存在的缓冲物质基本上能够维持瘤胃消化液的中性环境，但在食入易发酵饲料、酸性饲料或突然改变饲料（如大量饲喂精料）时，可使瘤胃的酸碱度改变并显著下降，影响瘤胃内微生物的正常活动，进而影响饲料的转化，容易出现消化功能紊乱情况，致使生产力下降，甚至出现酸中毒。为了预防上述现象的发生，在饲料中添加小苏打，可起到维持瘤胃酸碱度平衡（中性）的作用。添加小苏打后可以提高瘤胃酸碱度和渗透压，中和青贮饲料及精饲料在瘤胃发酵过程中所产生的有机酸，使瘤胃内酸碱度值更接近中性，这样有利于微生物的繁殖以及纤维素和糖类的转化，同时可加强胃肠收缩和蠕动，促进胃内容物向十二指肠运送。小苏打还可以提高牛羊对夏季炎热的应激能力，而且在饲料中添加小苏打后对 NSP 酶活性的充分发挥利用也有积极作用。小苏打在饲料中的添加量一般在 0.5% ~ 1.0%。

（3）富钙、磷饲料。碳酸钙，又称石粉，是天然钙中最经济的矿物质原料，含钙30%，磷很少。富磷饲料中的磷酸氢钙，含钙22%，含磷16%。各种动物在不同的生长阶段不仅对钙的要求量不同，而且对各种钙源的利用率也不同，在应用石粉时要注意，石粉价格较便宜，因此在添加钙源饲料时要和富磷饲料磷酸氢钙搭配使用，以达到合理的钙、磷比例。因为钙和磷是形成骨骼、牙齿的主要成分，同时它们在牛羊体内的多种生理活动中起着重要的作用。牛羊的饲料中钙、磷的适宜比例应为 1.5~2:1，其吸收效果较好。一般植物性饲料中都缺钙，总磷中有效磷只有1/3。牛羊饲料中钙、磷比例不合适，钙低磷高或钙高磷低，都会引发羔羊、犊牛出现佝偻病，成年牛羊会发生软骨症和骨质疏松。母羊、母牛饲料中石粉不宜加得太多，因石粉太多不易吸收，影响消化。同时在购买钙、磷饲料时要注意，磷酸氢钙有两种，一种为纯矿物质生产的，另一种为含骨粉的，在牛羊饲料中绝对不能用含骨粉的磷酸氢钙，以防止发生传染病。为了使饲料中的钙、磷能在牛羊体内充分吸收利用，要添加一定量的维生素 D_3，同时为了使植物性饲料中的植酸磷转换吸收，在牛羊饲料中添加植酸酶，通常添加量为一吨饲料中添加植酸酶 100~150g，可分解植酸磷。

（4）硫酸镁。硫酸镁的作用主要有 3 方面，一是可抑制中枢神经系统，从而产生镇静解症作用，例如，犊牛的神经病；二是大剂量内服有致泻作用；三是保持肉中的水分持水力强，水分损失少，肉质鲜嫩，从而减少屠宰后肉的重量损失。

（5）矿物质微量元素。牛羊饲料中常用的必须添加的有铁、铜、锌、锰、硒、碘、钴。微量元素虽然在牛羊饲料中的用量很少，但由于谷物饲料和草中含量少，又处于结合态且不易吸收利用，而牛羊营养中又不能缺少。添加微量元素后可补充机体营养，有利于瘤胃微生物繁殖，对预防缺乏微量元素而发生的代谢疾病，保障饲料品质和牛羊产品质量的作用很大，不仅有利于牛羊的正常生长和繁殖，还可提高饲料利用率，降低成本。

①铁。是血液的重要组成部分，牛羊体内的氧化系统如三羧酸循环离不开铁，能提高体内蛋白质的合成和能量的利用。牛羊

体内缺铁常表现为贫血、腹泻，饲料利用率降低。缺铁后一般会发生异食癖，使牛羊的生长发育受到不良影响。

②铜。在动物体内的作用十分广泛，主要是通过多种含铜酶在生物氧化还原过程中起重要作用，铜还参与造血过程和髓蛋白的合成，促进胃与胶原的形成，参与蹄角角化作用和色素沉着，也与神经细胞的正常发育有关。铜有沉着黑色素的作用，主要表现在羊毛上，有些羊毛因缺铜，品质下降，表现为无光泽。铜含量适宜时，羊毛上的黑色素被沉着，羊毛就有光泽，白而亮，品质就较好。

③锌。目前，已知在动物体内 200 多种酶的活性与锌有关，参与几乎所有的代谢过程，被称为"生命元素"。在公牛、公羊上，锌为精子构成的成分，缺锌影响精子质量，进而影响公畜的繁殖机能。缺锌还会对味觉系统产生不良影响，进而影响食欲。

④锰。锰在组织修复、骨骼形成（包括软骨）、生长、繁殖、造血等方面均起到主要作用，缺锰还会降低机体利用葡萄糖的能力。

⑤钴。牛羊对钴的需要较多，因此也较易缺乏。钴是维生素 B_{12} 的构成成分。钴的作用是通过维生素 B_{12} 实现的，牛羊体内钴缺乏，降低对植物性蛋白饲料的利用率。羊缺乏时，表现为食欲减退，逐渐消瘦，贫血，繁殖力、泌乳量和剪毛量都降低。

⑥碘。碘是通过构成甲状腺素而发挥多种生理作用的。缺碘时，新生羔羊、犊牛甲状腺肿大、无毛、死亡或体弱。成年牛羊新陈代谢减弱，皮肤干燥，身体消瘦，羊的剪毛量降低，母牛、母羊的泌乳量降低，缺碘还影响到饲料利用率的提高。碘多表现为地方性缺乏，青海省属缺碘地区。所以，长期以来政府规定人们必须食用加碘盐，补充了碘后，现在再也看不见甲状腺肿大的现象了。

⑦硒。硒是谷胱甘肽过氧化物酶的组成成分，这种酶有抗氧

化作用，能把过氧化脂类还原，防止这类有害物质在体内积蓄。缺硒时羔羊生长发育慢，并可引起白肌病（心肌营养不良、猝死），死亡率较高。我国东北人的克山病和西北人的大骨关节病系缺硒所致。青海省大部分地区属缺硒地区，土壤中缺乏，所以，水中、牧草中以及农作物中均缺硒；而且缺硒会导致人的身体中抵抗癌症的能力差，通过饲料中补硒，加上补维生素E的协同作用，不但能促进牛羊的健康生长，减少死亡率，而且食用含硒、维生素E丰富的肉类产品，对人的健康有积极的作用。

上述微量元素，在饲料中要按一定比例和数量添加，过少，满足不了营养需要，过多，还会产生一定危害，其具体添加量见"十三、相关资料"中农业部1224号公告的规范要求。

四、牛羊的日粮配合

牛羊的日粮，是指一只羊或一头牛一昼夜所采食的各种饲料的总量。根据牛羊饲养标准和饲料的营养价值，选择若干饲料按一定比例互相搭配而成日粮。

（一）日粮配合原则

（1）满足营养需要。牛羊日粮的配合应按不同生长发育阶段，以营养为依据，结合生产实际不断加以完善。在配合日粮时，首先满足能量和蛋白质的要求，其他营养物质如钙、磷、维生素、微量元素等应添加富含这类营养物质的饲料，再加以调整。

（2）日粮组成要品种多样化。多种饲料搭配，可相互补充营养缺失，达到营养全面。

（3）因地制宜，就地取材。配合日粮应以当地资源为主，充分利用当地的农副产品，尽量降低饲料成本，同时也应考虑饲料的适口性等问题。

（4）饲料种类保持相对稳定。日粮突然发生变化，牛羊瘤胃微生物不适应，会影响消化功能，严重者将导致消化道疾病。如需改变日粮配合，应逐渐改变，使瘤胃微生物有一个适应过程，过渡期一般为 7～10 天。

（二）日粮配制方法

根据牛羊的生理结构，中等体格的牛胃容量为 135～180 升，其中，4个胃中瘤胃容积占整个胃容积的80%；羊4个胃总容积为30升，其中，瘤胃容积占4个胃总容积的79%。瘤胃较大，一只羊屠宰后瘤胃能装下整个一只羊的肉和骨头，牛的瘤胃中能装下全部肉。所以，给牛羊要多喂草的原因是给牛羊有一个饱腹感。如牧区夏秋季一只成年羊一天要采食4千克鲜草（折合干草1千克）才算饱腹。经过牛羊的反刍（倒沫），将这些饲草进一步消化。单纯取食牧草时，因为牧草中的营养有限，所以单纯放牧的牛羊生长速度慢。农区育肥牛羊饲草加上一部分精料，会加快其生长速度。

一般饲草的饲喂量按饲草的干物质计算（除去饲草中水分含量后的重量为干物质），其中青绿饲料和青贮饲料按3千克折合1千克青干草和干秸秆计算。

干物质（指精料和饲草中除去水分后的重量）的采食量一般按牛羊体重的3%~5%来计算，体重小的比例大一点，体重大的比例小一点。如体重为20千克的羔羊，干物质采食量比例为体重的5%，即20千克×5%=1千克；其中，精料占60%，即1千克×60%=0.6千克；饲草占40%，即1千克×40%=0.4千克；饲草中青贮饲料占50%，即0.4千克×50%=0.2千克；以3:1比例折为干草，青贮饲料应为0.6千克（0.2千克×3）；50%为青干草，即0.4千克×50%=0.2千克；合计20千克体重的羔羊日粮中，应饲喂0.6千克精料（必须为达到标准的羔羊精补料），0.6千克的青贮饲料，0.2千克青干草（表4-1）。

表4-1　绵羊日粮中粗饲料和精饲料推荐比例（以干物质计）

类　别	粗饲料（%）	精饲料（%）	备　注
生长羔羊	0~40	100~60	一个月内的羔羊可饲喂羔羊代乳料，精料中粗蛋白大于16%
育肥成年羊（包括公羊、淘汰母羊）	40~60	60~40	精料中粗蛋白大于14%

（续表）

类　别	粗饲料（%）	精饲料（%）	备　注
妊娠母羊	85～60	15～40	妊娠期精料中粗蛋白要求高于12%～13%
泌乳母羊	70～50	30～50	哺乳期精料中粗蛋白要求高于16%

注：精料中粗蛋白等营养含量要求达到标准要求

肉牛各阶段日粮要求如下。

犊牛阶段：精料比例为55%～65%，粗饲料比例为45%～35%。

育肥牛前期：精料比例为65%～75%，粗饲料比例为35%～25%。

育肥牛后期：精料比例为80%，粗饲料比例为20%。

妊娠母羊、妊娠母牛日粮中，青贮料比例以不超过饲草总量的30%为宜；泌乳母羊、泌乳期母牛饲草中青贮料比例可达到饲草总量的50%～60%，不能全部用青贮料，必须加一部分干草和干秸秆，同时要注意添加一定量的碳酸氢钠，以防止酸中毒。

精料建议配方如下。

1. 羔羊精补料配方（表4－2至表4－4）

表4－2　羔羊精补料配方一

原料	比例（%）	营养成分	含量	营养成分	含量
玉米	45	粗蛋白	16.50%	赖氨酸	0.7%
小麦	8	粗脂肪	4.30%	蛋氨酸	0.3%
麸皮	15	粗纤维	4.60%		
菜粕	10	粗灰分	7.20%		
豆粕	10	中性洗涤纤维	15.90%		
棉粕	3	酸性洗涤纤维	6.90%		
脂肪酸盐	2	钙	0.56%		
盐	1	总磷	0.5%		

（续表）

原料	比例（%）	营养成分	含量	营养成分	含量
酵母粉	2	有效磷	0.2%		
预混料	4	消化能	12.8 兆焦/千克		
合计	100	总脂肪酸	61.9%		

①预混料中主要成分：维生素、微量元素、磷酸氢钙、碳酸钙、小苏打、NSP酶、脂肪酶。

②日增重可达到 200~250 克

表4-3 羔羊精补料配方二

原料	比例（%）	营养成分	含量	营养成分	含量
玉米	40	粗蛋白	16.2%	赖氨酸	0.5%
小麦	20	粗脂肪	2.55%	蛋氨酸	0.29%
麸皮	10	粗纤维	4.00%	消化能	13 兆焦/千克
菜粕	15	粗灰分	6.00%	总脂肪酸	59.6%
豆粕	8	中性洗涤纤维	14.80%		
酵母粉	2	酸性洗涤纤维	6.40%		
盐	1	钙	0.48%		
预混料	4	总磷	0.5%		
合计	100	有效磷	0.27%		

①预混料中主要成分：维生素、微量元素、磷酸氢钙、碳酸钙、小苏打、NSP酶、脂肪酶。

②日增重可达到 180~200 克

表4-4 羔羊精补料每千克中维生素、微量元素含量

维生素 A	国际单位	4 000~5 000	铁（毫克）	50~500
维生素 D_3	国际单位	800~1 000	锌（毫克）	40~50
维生素 E	国际单位	15~20	锰（毫克）	20~30
NSP 酶（毫克）		800~1 000	硒（毫克）	0.1~0.3
脂肪酶（毫克）		500~800	碘（毫克）	0.2~0.4
铜（毫克）		10~15	钴（毫克）	0.1~0.3

2. 育肥羊精补料配方（表4-5至表4-6）

表4-5 育肥羊精补料配方

原料	比例（%）	营养成分	含量	营养成分	含量
玉米	40	粗蛋白	15.00%	有效磷	0.16%
小麦	33	粗脂肪	2.5%	赖氨酸	0.60%
菜粕	15	粗纤维	3.3%	蛋氨酸	0.29%
豆粕	5	粗灰分	2.7%	总脂肪酸	74.3%
酵母粉	2	中性洗涤纤维	12.00%	羊消化能	13.2 兆焦/千克
盐	1	酸性洗涤纤维	5.4%		
预混料	4	钙	0.63%		
合计	100	总磷	0.45%		

预混料中主要成分：维生素、微量元素、磷酸氢钙、碳酸钙、小苏打、非淀粉多糖酶、脂肪酶

表4-6 育肥羊精补料每千克中维生素、微量元素含量

维生素A	国际单位	4 000~5 000	铁（毫克）	50~500
维生素D_3	国际单位	800~1 000	锌（毫克）	40~60
维生素E	国际单位	20~30	锰（毫克）	30~40
非淀粉多糖酶（毫克）		800~1 000	硒（毫克）	0.1~0.3
脂肪酶（毫克）		800~1 000	碘（毫克）	0.2~0.4
铜（毫克）		10~15	钴（毫克）	0.1~0.3

3. 妊娠母羊、哺乳母羊精补料配方（表4-7至表4-8）

表4-7 妊娠母羊精补料

原料	比例（%）	营养成分	含量	营养成分	含量
玉米	40	粗蛋白	12.00%	有效磷	0.20%
小麦	30	粗脂肪	2.60%	赖氨酸	0.47%
麸皮	13	粗纤维	3.30%	蛋氨酸	0.24%

（续表）

原料	比例%	营养成分	含量	营养成分	含量
菜粕	10	粗灰分	2.60%	羊消化能	13.00 兆焦/千克
酵母粉	2	中性洗涤纤维	15.30%	总脂肪酸	64.30%
盐	1	酸性洗涤纤维	5.50%		
预混料	4	钙	0.8%		
合计	100	总磷	0.50%		

预混料中主要成分：维生素、微量元素、磷酸氢钙、碳酸钙、小苏打、NSP 酶、脂肪酶

妊娠母羊精补料每千克维生素、微量元素含量

维生素 A 国际单位	5 000 ~ 6 000	铁（毫克）	40 ~ 500
维生素 D$_3$ 国际单位	1 000 ~ 1 200	锌（毫克）	40 ~ 50
维生素 E 国际单位	30 ~ 40	锰（毫克）	20 ~ 30
烟酸（毫克）	30 ~ 40	硒（毫克）	0.2 ~ 0.4
非淀粉多糖酶（毫克）	800 ~ 1 000	碘（毫克）	0.2 ~ 0.4
铜（毫克）	10 ~ 15	钴（毫克）	0.1 ~ 0.3

表4-8 哺乳母羊精补料

原料	比例%	营养成分	含量	营养成分	含量
玉米	40	粗蛋白	16.30%	赖氨酸	0.71%
小麦	15	粗脂肪	2.70%	蛋氨酸	0.30%
麸皮	15	粗纤维	4.60%	羊消化能	12.90 兆焦/千克
菜粕	15	粗灰分	3.20%	总脂肪酸	63.10%
豆粕	8	中性洗涤纤维	16.20%		
酵母粉	2	酸性洗涤纤维	6.80%		
盐	1	钙	0.85%		
预混料	4	总磷	0.50%		
合计	100	有效磷	0.20%		

预混料中主要成分：维生素、微量元素、磷酸氢钙、碳酸钙、小苏打、NSP 酶、脂肪酶

哺乳母羊精补料每千克维生素、微量元素含量

维生素 A 国际单位	5 000 ~ 6 000	铁（毫克）	40 ~ 500
维生素 D_3 国际单位	1 000 ~ 1 200	锌（毫克）	40 ~ 50
维生素 E 国际单位	20 ~ 30	锰（毫克）	20 ~ 30
烟酸（毫克）	40 ~ 60	硒（毫克）	0.1 ~ 0.3
非淀粉多糖酶（毫克）	800 ~ 1 000	碘（毫克）	0.2 ~ 0.4
铜（毫克）	10 ~ 15	钴（毫克）	0.1 ~ 0.3

4. 犊牛精补料配方（表4－9至表4－11）

表4－9　犊牛精补料配方一

原料	比例%	营养成分	含量	营养成分	含量
玉米	40	粗蛋白	17.1%	赖氨酸	0.79%
小麦	16	粗脂肪	4.1%	蛋氨酸	0.30%
麸皮	10	粗纤维	3.8%	总脂肪酸	65.30%
菜粕	11	粗灰分	3.1%		
豆粕	14	中性洗涤纤维	14.2%		
脂肪酸盐	2	酸性洗涤纤维	6.1%		
酵母粉	2	钙	0.73%		
盐	1	总磷	0.50%		
预混料	4	有效磷	0.17%		
合计	100	增重净能	6.6兆焦/千克		

①预混料中主要成分：维生素、微量元素、磷酸氢钙、碳酸钙、小苏打、NSP酶、脂肪酶。

②日增重550克以上

表4－10　犊牛精补料配方二

原料	比例%	营养成分	含量	营养成分	含量
玉米	40	粗蛋白	16.30%	赖氨酸	0.71%
小麦	15	粗脂肪	2.7%	蛋氨酸	0.3%
麸皮	15	粗纤维	4.60%	增重净能	6.5兆焦/千克
菜粕	15	粗灰分	3.20%	总脂肪酸	63.10%

（续表）

原料	比例%	营养成分	含量	营养成分	含量
豆粕	8	中性洗涤纤维	16.20%		
酵母粉	2	酸性洗涤纤维	6.80%		
盐	1	钙	0.63%		
预混料	4	总磷	0.50%		
合计	100	有效磷	0.18%		

①预混料中主要成分：维生素、微量元素、磷酸氢钙、碳酸钙、小苏打、NSP 酶、脂肪酶。

②日增重 450 ~ 550 克

表 4 – 11　犊牛精补料每千克中维生素、微量元素含量

维生素 A	国际单位	6 000 ~ 8 000	铁（毫克）	50 ~ 500
维生素 D$_3$	国际单位	1 200 ~ 1 600	锌（毫克）	25 ~ 35
维生素 E	国际单位	15 ~ 20	锰（毫克）	30 ~ 40
非淀粉多糖酶（毫克）		800 ~ 1 000	硒（毫克）	0.1 ~ 0.3
脂肪酶（毫克）		500 ~ 800	碘（毫克）	0.2 ~ 0.4
铜（毫克）		10 ~ 15	钴（毫克）	0.1 ~ 0.3

5. 育肥牛前期、育肥牛后期精补料配方（表 4 – 12 至表 4 – 13）

表 4 – 12　育肥牛前期精补料

原料	比例%	营养成分	含量	营养成分	含量
玉米	40	粗蛋白	15.00%	有效磷	0.18%
小麦	23	粗脂肪	2.50%	增重净能	6.60 兆焦/千克
麸皮	10	粗纤维	3.80%	总脂肪酸	66.00%
菜粕	15	粗灰分	2.60%	赖氨酸	0.93%
豆粕	4	中性洗涤纤维	14.70%	蛋氨酸	0.26%
酵母粉	3	酸性洗涤纤维	6.10%		
盐	1	钙	0.65%		
预混料	4	总磷	0.50%		
合计	100				

预混料中主要成分：维生素、微量元素、磷酸氢钙、碳酸钙、小苏打、NSP 酶、脂肪酶

育肥牛前期精补料每千克中维生素、微量元素含量

维生素 A	国际单位	5 000 ~ 6 000	铁（毫克）		80 ~ 500
维生素 D_3	国际单位	1 000 ~ 1 200	锌（毫克）		30 ~ 40
维生素 E	国际单位	15 ~ 20	锰（毫克）		30 ~ 40
非淀粉多糖酶（毫克）		800 ~ 1 000	硒（毫克）		0.1 ~ 0.3
脂肪酶（毫克）		800 ~ 1 000	碘（毫克）		0.2 ~ 0.4
铜（毫克）		10 ~ 15	钴（毫克）		0.1 ~ 0.3

表 4 - 13　育肥牛后期精补料

原料	比例%	营养成分	含量	营养成分	含量
玉米	50	粗蛋白	13.40%	总磷	0.40%
小麦	28	粗脂肪	2.50%	有效磷	0.15%
菜粕	10	粗纤维	2.80%	增重净能	7.20 兆焦/千克
豆粕	5	粗灰分	1.90%	总脂肪酸	75.00%
酵母粉	2	中性洗涤纤维	11.20%	赖氨酸	0.55%
盐	1	酸性洗涤纤维	4.60%	蛋氨酸	0.26%
预混料	4	钙	0.6%		
合计	100				

预混料中主要成分：维生素、微量元素、磷酸氢钙、碳酸钙、小苏打、NSP 酶、脂肪酶

育肥牛后期精补料每千克中维生素、微量元素含量

维生素 A	国际单位	5 000 ~ 6 000	铁（毫克）		80 ~ 500
维生素 D_3	国际单位	1 000 ~ 1 200	锌（毫克）		30 ~ 40
维生素 E	国际单位	20 ~ 30	锰（毫克）		30 ~ 40
非淀粉多糖酶（毫克）		800 ~ 1 000	硒（毫克）		0.1 ~ 0.3
脂肪酶（毫克）		500 ~ 800	碘（毫克）		0.2 ~ 0.4
铜（毫克）		10 ~ 15	钴（毫克）		0.1 ~ 0.3

6. 妊娠母牛、哺乳母牛精补料配方（表4-14至表4-15）

表4-14 妊娠母牛精补料

原料	比例%	营养成分	含量	营养成分	含量
玉米	45	粗蛋白	14.00%	赖氨酸	0.65%
小麦	10	粗脂肪	2.80%	蛋氨酸	0.26%
麸皮	20	粗纤维	3.60%	总脂肪酸	64.90%
菜粕	10	粗灰分	2.90%		
豆粕	7	中性洗涤纤维	16.60%		
酵母粉	3	酸性洗涤纤维	6.10%		
盐	1	钙	0.72%		
预混料	4	总磷	0.50%		
合计	100	有效磷	0.18%		

预混料中主要成分：维生素、微量元素、磷酸氢钙、碳酸钙、小苏打、NSP酶、脂肪酶

妊娠母牛精补料每千克中维生素、微量元素含量

维生素A	国际单位	8 000~10 000	铁（毫克）	40~500
维生素D$_3$	国际单位	1 600~2 000	锌（毫克）	40~50
维生素E	国际单位	30~40	锰（毫克）	12~15
烟酸（毫克）		30~40	硒（毫克）	0.2~0.4
非淀粉多糖酶（毫克）		800~1 000	碘（毫克）	0.2~0.4
铜（毫克）		15~20	钴（毫克）	0.1~0.3

表4-15 哺乳母牛精补料

原料	比例%	营养成分	含量	营养成分	含量
玉米	40	粗蛋白	16.00%	赖氨酸	0.72%
小麦	10	粗脂肪	2.80%	蛋氨酸	0.26%
麸皮	20	粗纤维	4.40%	总脂肪酸	66.90%
菜粕	15	粗灰分	3.40%		

（续表）

原料	比例%	营养成分	含量	营养成分	含量
豆粕	8	中性洗涤纤维	17.60%		
酵母粉	2	酸性洗涤纤维	7.20%		
盐	1	钙	0.75%		
预混料	4	总磷	0.60%		
合计	100	有效磷	0.20%		

预混料中主要成分：维生素、微量元素、磷酸氢钙、碳酸钙、小苏打、NSP 酶、脂肪酶

哺乳母牛精补料每千克中维生素、微量元素含量

维生素 A	国际单位	8 000 ~ 10 000	铁（毫克）	40 ~ 500
维生素 D_3	国际单位	1 600 ~ 2 000	锌（毫克）	40 ~ 50
维生素 E	国际单位	20 ~ 30	锰（毫克）	12 ~ 15
烟酸（毫克）		50 ~ 60	硒（毫克）	0.1 ~ 0.3
非淀粉多糖酶（毫克）		800 ~ 1 000	碘（毫克）	0.2 ~ 0.4
铜（毫克）		15 ~ 20	钴（毫克）	0.1 ~ 0.3

①NDF：中性洗涤纤维，表示在饲料成分分析中不溶于中性洗涤剂的物质，包括纤维素、半纤维素、木质素等。ADF：酸性洗涤纤维，不溶于酸性洗涤剂的物质，包括纤维素、木质素等。NDF 比 ADF 中的纤维总量高。纤维的主要功能是帮助牛羊唾液分泌，反刍，保持瘤胃健康。在严格饲养条件下，首先考虑的是精料和饲草中的 NDF 含量是否达到需要量，一般 NDF 和 ADF 的比例为 1.5∶1。

②脂肪酸盐为过瘤胃脂肪酸盐，因牛羊体内的养分吸收主要在小肠中

7. 育肥羊精补料营养成分计算方法（示例）（表 4-16）

表4-16 育肥羊精补料配方中营养成分

名称	比例(%)	粗蛋白(%)	粗脂肪(%)	粗纤维(%)	粗灰分(%)	中性洗涤纤维(%)	酸性洗涤纤维(%)	钙(%)	总磷(%)	有效磷(%)	赖氨酸(%)	蛋氨酸(%)	羊消化能(兆焦/千克)	总脂肪酸
玉米	40	7.5×40%=3	3.6×40%=1.44	1.6×40%=0.64	1.4×40%=0.56	9.3×40%=3.72	2.7×40%=1.08	0.02×40%=0.008	0.27×40%=0.108	0.11×40%=0.044	0.24×40%=0.096	0.18×40%=0.072	14.27×40%=5.708	84.6×40%=33.84
小麦	33	11×33%=3.63	1.7×33%=0.561	1.9×33%=0.627	1.9×33%=0.627	13.3×33%=4.389	3.9×33%=1.287	0.02×33%=0.0561	0.41×33%=0.1353	0.13×33%=0.0429	0.35×33%=0.1155	0.21×33%=0.0693	14.23×33%=4.6959	75.2×33%=24.813
菜粕	15	35×15%=5.25	1.4×15%=0.21	11.8×15%=1.77	7.3×15%=1.095	20.7×15%=3.105	16.8×15%=2.52	0.65×15%=0.0975	1.02×15%=0.153	0.35×15%=0.0525	1.3×15%=0.195	0.63×15%=0.0945	12.05×15%=1.8075	79.4×15%=11.91
豆粕	5	45.6×5%=2.28	1.9×5%=0.095	5.9×5%=0.295	6.1×5%=0.305	13.6×5%=0.68	9.6×5%=0.48	0.33×5%=0.0165	0.62×5%=0.031	0.21×5%=0.0105	2.68×5%=0.134	0.59×5%=0.0295	14.27×5%=0.7135	76.0×5%=3.8
酵母粉	2	38×2%=0.76	0.4×2%=0.008	0.6×2%=0.012	4.7×2%=0.094	6.1×2%=0.122	1.8×2%=0.036	0.16×2%=0.0032	1.02×2%=0.0204	0.46×2%=0.0092	3.38×2%=0.0676	0.83×2%=0.0166	13.43×2%=0.2686	74
盐	1													
预混料	4													
合计	100	15	2.3	3.3	2.7	12.00	5.4	0.66	0.51	0.16	0.60	0.29	13.2	

五、牛羊的消化功能特点

（一）反刍动物（牛羊）的消化器官（图 5-1）

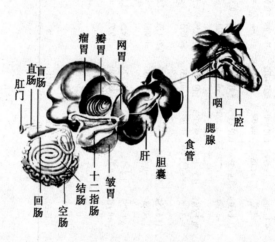

图 5-1 牛的消化系统

反刍动物（牛羊）和单胃动物（猪、禽）的消化过程不同，牛、羊的胃分四部分：瘤胃、网胃、重瓣胃和皱胃，其中，皱胃是分泌胃液的部分，故又称真胃。其特点是：牛、羊采食比较粗、快，大量饲料不经细嚼迅速吞入瘤胃，经过在瘤胃内充分混合，浸软和发酵，休息时再吐出来细嚼，然后再咽下，经网胃、重瓣胃到皱胃。这个过程称为反刍。

另外，牛羊与猪、禽单胃动物不同的是，它能生成单胃动物所不能生成的维生素 K 和 B 族维生素及某些氨基酸，还能消化大量的粗饲料。

1. 瘤胃

牛瘤胃的容积为 100 ~ 200 升，约占 4 个胃的 80%，牛胃的容量随年龄及个体大小而有差异，小型牛胃的容量为 100 升左右，中型牛为 150 升左右，大型牛为 200 升左右。4 个胃的相对大小随年龄而发生变化。初生牛犊的前 3 个胃很小，瘤胃、网胃的容量只有真胃的一半，以后随年龄的增长，4 个胃的大小比例逐渐改变。到 1 岁半时，4 个胃的大小比例已和成年牛相似，即瘤胃为胃总容量的 80%，网胃占 5%，重瓣胃和皱胃均各占 7% ~ 8%。

成年绵羊 4 个胃总容积近 30 升，瘤胃最大，皱胃次之，网胃较小，重瓣胃最小。依次占胃总容量的 78.7%、11%、8.6% 和 1.7%。

瘤胃对饲料的消化主要是物理作用和微生物作用。

瘤胃的容积大，占整个胃容积的 80%，有贮积大量食物加工和发酵食物的能力。瘤胃没有消化液分泌，但胃壁强大的肌肉能强有力地收缩和松弛，进行有节律的蠕动，以搅拌食物，在瘤胃黏膜上有许多叶状突起的乳头，能使食物揉磨运化。

瘤胃内含有大量的微生物，存在着极为复杂的微生物区系，特别是细菌和原生虫。细菌中大部分是厌氧性细菌，原生虫主要是纤毛虫和少量的鞭毛虫。

瘤胃好似一个供厌氧性微生物繁殖的连续接种的活体发酵罐。据测定，每毫升瘤胃内容物中约含细菌 150 亿 ~ 180 亿个，纤毛虫 100 万个。在这些瘤胃微生物的作用下，饲料中约 70% ~ 80% 的干物质和 50% 的粗纤维在瘤胃消化，产生挥发性脂肪酸、二氧化碳、甲烷、氨以及蛋白质和 B 族维生素。

2. 网胃

又称蜂巢胃，形如小瓶状，网胃与瘤胃相连接，是异物（铁钉、铁丝等）容易滞留的地方。这些异物，如果不是很锐利的话，在网胃中可长期存在而无损于健康，反之就会形成致命性伤害。瘤胃、网胃之间有一条由食管延续而来的食管沟相通，饲料可在两胃间往返流动。网胃黏膜上有许多网状小格，形如蜂巢，故称蜂巢胃。其容积占整个胃总容积的5%，其内容物呈液体状态，无腺体分泌。进入瘤胃的饲料，较细而稀薄的不再反刍而直接进入网胃。网胃周期性的迅速收缩，磨揉食糜并将其送入瓣胃。

3. 瓣胃

呈圆的球形，较结实，其内容物含水量少，容积较小，胃壁黏膜形成许多大小相同的片状物（肌叶），从断面上看很像一叠"百叶"，肌叶可以将食糜中水分压出，然后将干的食团送入皱胃；另一个功能是磨碎饲料。

4. 皱胃

是真正具有消化功能的胃室，故又称真胃。呈长梨形，胃壁黏膜光滑柔软，有10余个皱褶。能分泌胃液，其中，含有盐酸和消化液，胃液中的多种消化酶能使营养物质分解消化。皱胃容积占整个胃容积的7% ~ 8%，其中，内容物呈流动状态。

牛羊的4个胃室相对容积和机能随年龄变化而发生变化。

初生牛犊的前3个胃很小，结构很不完善，瘤胃黏膜乳头短小而软，尚未建立微生物区系，其消化机能与单胃动物相似，消化主要靠皱胃和小肠。

当犊牛开始采食植物性饲料后，瘤胃和蜂巢胃很快发育，容积显著增加，皱胃容积相对逐渐缩小。

到3月龄时，前3个胃的容积占总容积的70%，黏膜乳头变长变硬。微生物区系完全建立后，也就担负起重要的消化任务。

（二）犊牛、羔羊的消化特点

牛羊消化器官中的 4 个胃以外，食管沟在犊牛和羔羊的消化中有着独特的作用。

食管沟起自瘤胃的入口贲门，向下延伸至网胃与瓣胃的连接口，连通瓣胃内壁的瓣胃沟，液体和细粒饲料可由食管至贲门经网胃沟和瓣胃沟直接送入皱胃。

（1）新生犊牛至断奶前食管沟功能完善，吮吸乳汁时，乳汁可由贲门直接流入皱胃。皱胃能分泌凝乳酶来消化牛乳。它可使吮吸的乳中营养物质躲开瘤胃发酵，直接进入皱胃和小肠，被机体利用。这种功能随犊牛年龄的增长而减退，到成年时只留下一痕迹，闭合不全。

新生犊牛因吃奶，并由食管沟直接进入皱胃，故犊牛的皱胃发达，此时瘤胃、网胃的容积只有皱胃的一半。至 8 周龄时瘤胃、网胃的容积才与皱胃相等。12 周龄时超过皱胃的 1 倍，这时瓣胃发育仍很慢。4 月龄后，随着小牛采食青草以及消化植物纤维能力的出现，前 3 个胃才迅速发育，瘤胃、网胃容积约达皱胃的 4 倍，至 18 月龄时，瓣胃发育起来，其容积接近皱胃。这时 4 个胃的容积达到成年牛的比例。这是犊牛胃发育的一般规律。生产中不同品种、不同饲养方式、不同营养水平，尤其是提早采食青草的牛，对犊牛的发育及胃黏膜结构都会有明显的影响。

（2）羔羊和牛一样，羊胃的大小和机能，随年龄的增长发生变化。出生羔羊的前 3 个胃很小，结构还不完善，微生物区系尚未健全，不能消化粗纤维，初生羔羊只能靠母乳生活。此时，母乳不接触前 3 个胃的胃壁，靠食管沟的闭锁作用，直接进入真胃，由真胃凝乳酶进行消化，随着年龄的增长，消化系统特别是前 3 个胃不断发育完善。一般羔羊生后 10 ~ 14 天开始补饲一些容易消化的精料和优质牧草,以促进瘤胃发育。到一个月时,瘤胃和网胃重占全胃的比例已达到成年程度。如不及时采食植物性饲料,则瘤胃发育缓慢。

只有采食植物性饲料后,瘤胃的生长发育加速,才能逐步建立起完善的微生物区系。采食的植物性饲料为微生物的繁殖、生长创造了营养条件,反过来微生物区系又增强了对植物性饲料的消化利用。因此,瘤胃的发育、植物性饲料的利用以及瘤胃微生物的活力,三者是紧密相连、相辅相成的。

(3)唾液。牛羊口腔有许多大小不等的腺体,统称唾液腺。唾液则是各个腺体分泌的混合物。唾液对反刍家畜的消化有不可忽视的作用,主要是湿润饲料,帮助咀嚼和便于吞咽。唾液呈碱性,对瘤胃发酵起缓冲作用,使胃内保持一定的 pH 值(酸碱度)。唾液中还含有独特的脂肪酶,对犊牛羔羊哺乳阶段消化乳脂肪有重要作用。此外,唾液中含有黏蛋白、矿物质等可为瘤胃微生物提供营养物质。唾液还有清泡沫的作用,因而有利于预防瘤胃膨胀的发生。

(4)小肠和大肠。牛羊小肠由十二指肠、盲肠、回肠 3 段组成。牛的小肠长 27~44 米,相当于体长的 20 倍。羊的小肠长度为 17~34 米,平均约 25 米。小肠部分的消化腺很发达,肠黏膜中分布有大量的腺体,可以分泌蛋白酶、脂肪酶和淀粉酶等消化酶类,而且小肠管腔内面满布如指纹样的网状突起,称为绒毛,绒毛中分布淋巴管和大量毛细血管,其上还有更微小的绒毛,这些绒毛可以扩大吸收的表面积。胃内容物进入小肠后,在各种酶的作用下进行消化,分解为一些简单的营养物质经绒毛膜吸收。所以小肠是进行消化和吸收的主要部位。

尚未能完全消化的食物残渣与大量水分一道,随小肠蠕动而被推进到大肠。

牛的大肠长 6.4~10 米,羊的大肠长 4~13 米,平均约 7 米,无分泌消化液的功能，其主要作用是吸收水分和形成粪便。小肠内为完全消化的食物残渣，可在大肠内微生物及食糜中酶的作用下继续消化和吸收，吸收水分后的残渣形成粪便，排出体外。

（5）反刍。反刍是牛、羊等反刍家畜特有的生理活动，也是十分重要的生理现象。此项活动每天约需 8 小时或更长的时间，依草料性质而不同。反复倒嚼并不意味着提高消化率，重要的是能使大量饲草逐渐变细、变软，从而较快地从瘤胃通过到后面的消化道中去，这样使牛、羊能采食更多的草料。

（6）嗳气。牛羊采食以后，反刍时常发出往外吐气的声音，这种现象叫嗳气，是瘤胃中饲料进行发酵产气所致。反刍动物的消化过程同单胃动物相比，会产生更多的气体，据计算，牛饲喂后每小时产生气量达 25～35 升，主要是二氧化碳和甲烷，分别占气体总量的 70% 和 30% 左右；此外，有微量的氮气、氧气和硫化氢气体。气体不排出来就会发生膨胀，通过嗳气很容易排出，由于肺部的气体交换，使这些气体极少吸收到血液中，但瘤胃发酵产生的能量约有 10% 随着气体排出而损失。在牛羊饲养中，牛羊棚的通风、通气畅通，有利于牛羊的健康。

（7）瘤胃的发酵及其产物。当饲料进入瘤胃，因为微生物的发酵作用是牛羊消化过程的重要环节，瘤胃是一个大的生物发酵罐，通过各种微生物的作用，产生纤维素酶与其他相关酶共同作用，在适宜的 pH 值（酸碱度）5.5～6.5 的条件下，分解饲料和饲草，最后可生成挥发性脂肪酸、二氧化碳和甲烷等产物。

二氧化碳和甲烷随嗳气散发出去，挥发性脂肪酸主要为：乙酸、丙酸、丁酸，进一步转化后被吸收。

如何提高挥发性脂肪酸的转化吸收率，进而提高饲料的转化率，是饲养过程中要切实重视的环节。要达到"合理"饲养，其具体做法是合理搭配饲草和精料的比例，在精料配制上所用原料不要变化太大，瘤胃中 pH 值保持在适宜条件下（pH 值 5.5～

6.5)，这样瘤胃中各种微生物组成的比例相对稳定，牛羊的消化吸收状况稳定，牛羊才能健康生长发育。

如果精料原料变化太大，饲草和饲料搭配不合理，则容易发生消化疾病，影响牛羊的生长发育。

六、牛羊饲养管理技术

（一）育肥牛羊的主要管理措施

（1）育肥前要驱虫（包括体外和体内的寄生虫），驱虫健胃是育肥牛羊过程中的重要环节。当牛羊购进后，育肥开始前2天就要开始健胃，可服食用醋或在麸皮中加健胃散，之后在一周内进行第一次驱虫，并严格清扫和消毒畜舍，消除病源。

（2）为了方便管理，减少外伤，对带角牛去角，用锯锯角，出血时涂消炎粉或碘酒消毒。

（3）公牛育肥前去势，并单槽喂养。

（4）牛舍温度不低于0℃，不高于27℃；羊舍温度不低于零摄氏度，不高于25℃。因此，一般以秋季和冬季育肥为好。

（5）育肥牛数量多时，可按体重大小编组，以防止弱小牛采食不足。

（6）育肥牛育肥过程中注意事项。

①饲喂顺序。先喂饲草后喂精料，最后饮水。这样做的好处是避免引起消化不良，尽量让育肥牛多吃饲料，特别是每天的配额精料要吃完。

有条件的养殖场，要采用饲喂全混合日粮，即TM法，即把切短的饲草和精补料用TM机混合在一起后再饲喂，这样采食均匀。

②注意从牧区购进的牛羊育肥中的"换肚"过程。青海省农区自繁自育的牛羊规模较小，大多数育肥牛羊都是从牧区购进，对这些牛羊在进入牛羊舍前2天，一般不喂给精料，只喂一些干

草之类的粗饲料。前一周以干草为主，只加少量麸皮，这样做的目的是让牛羊尽快建立起适应育肥饲料的肠道微生物区系，保证育肥顺利进行，减少消化道疾病，俗称"换肚"。

（二）种公羊、种公牛的饲养管理

种公羊、种公牛饲养中，应常年维持中上等膘情、四肢健壮、体质壮实、精力充沛、性欲旺盛、精液品质良好。

对其所喂的草料，应力求多样性，合理搭配，营养全价，容易消化，适口性好。饲草有优质草，如青贮燕麦草、优质干草；精料中有玉米、小麦、黄豆粕等。多汁饲料有胡萝卜、饲用甜菜、青贮玉米等。

种公羊、种公牛精补料分非配种期和配种期，配种期精补料中，蛋白质要达到 15% ~16%，非配种期精补料中蛋白质含量要达到 13% ~14%，其中，蛋白质原料最好用黄豆粕，不要用菜籽粕饼和棉籽粕饼，因黄豆粕中氨基酸含量较高，无影响精液品质（密度和活力）的有害成分，而菜籽粕饼和棉籽粕饼中含有影响精液品质的有害成分。

种公羊、种公牛的精补料一般用全价料，精补料中蛋白质含量等常规成分要达到标准要求，而且微量成分如维生素、微量元素、钙、磷的含量都要达到标准要求，这样才能保证种公牛、种公羊的营养需求。其次，在日常管理上，非配种期种公牛羊要统一集中饲养，配种时再分散到场，以利调剂使用。

（三）母羊、母牛的养殖技术

母羊妊娠期为 5 个月，妊娠前期 3 个月可采用常规管理方式，因妊娠前期胎儿发育缓慢，妊娠后期 2 个月胎儿生长发育快，其胎儿重量的 70% 在此期内长成，因而一定要按饲养标准饲喂高质量的全价料，其结果可使羔羊初生重提高，产后母羊的奶水充足，而且初生重高的羔羊日后生长速度快，同时可提高母羊繁活率。

母羊哺乳期一般为 90~120 天，由于羔羊出生后 2 个月内营养主要靠母乳，故哺乳期的营养水平比妊娠后期要高，因母羊产后身负重任，一是要哺乳羔羊；二是要恢复本身的体质。母羊的体质恢复快可早一点配种怀孕，饲养管理和营养供应充分到位，可实现二年三胎，小尾寒羊可达到一年二胎，在母羊的饲养中提高繁活率是最主要的生产环节，所以，高度重视妊娠母羊和哺乳母羊的饲养管理和营养需求，才能提高母羊的个体生产水平，达到理想的养殖效益。

母牛妊娠期为 9 个月，前 5 个月为妊娠前期，后 4 个月为妊娠后期。和母羊一样，母牛妊娠前期可用一般饲养管理方法，后期需要按标准加强营养，青海省农区饲养的母牛、奶牛要按牛的标准饲养，一般母牛都是以肉奶兼用的，产奶不是主要任务，主要任务是繁殖牛犊，因而在饲养上和奶牛还不完全一致，但基本方式相同，妊娠后期、哺乳期、犊牛前期、犊牛后期的饲养标准要互相衔接，要注意不同阶段用不同的精补料，不能用一种饲料统管全期。

自繁自育虽然在农区的牛羊育肥中不是育肥牛羊的主要来源，但占一定的比例，因而高度重视母羊、母牛的饲养管理和营养供应是加快农区畜牧业发展的主要内容。

七、青贮饲料的制作方法

青贮饲料是指将新鲜的青饲料切短装入青贮窖里，经过微生物发酵作用，制成一种具有特殊芳香气味、营养丰富的多汁饲料。它能够长期保存青绿多汁饲料，扩大饲料资源，保证家畜均衡供应青绿多汁饲料。青贮饲料具有气味酸香、柔软多汁、颜色黄绿、适口性好等优点。

（一）青贮料应具备的条件和措施

1. 青贮原料应有适当的含糖量

乳酸菌要产生足够数量的乳酸，必须有足够数量的可溶性糖分。一般说来，青贮玉米中含糖量高，容易青贮，燕麦草中含糖量低不易青贮，青贮时每500千克燕麦草中要加上1~2千克红糖（将红糖溶解于水中添加）；或者一层青贮玉米一层燕麦草混合青贮，容易成功。

2. 青贮原料应有适宜的含水量

青贮原料中含有适量水分，是保证乳酸菌正常活动的重要条件。水分含量过高或过低，均会影响青贮发酵过程和青贮饲料的品质。禾本科牧草最适宜的含水量为65%~75%。豆科牧草的含水量以60%~70%为好。判断青贮原料水分含量的简单办法是：将切碎的原料紧握手中，然后手自然松开，若仍保持球状，手有湿印，其水分含量在68%~75%，适合玉米秆、燕麦草等的青贮；若草球慢慢膨胀，手上无湿印，其水分在60%~67%，适于豆科牧草的青贮；若手松开后，草球立即膨胀，其水分为在60%以下，只适于幼嫩牧草低水分青贮。含水过高或过低的青贮原料，青贮时应处理或调节。对于水分过多的饲料，青贮前应稍晾干凋萎，使其水分含量达到要求后再青贮；如凋萎后水分含量仍然过高，应添加干料进行混合青贮；也可以将含水量高的原料和低水分原料按适当比例混合青贮，但青贮的混合比例以含水量高的原料占1/3为适合；如果水分过低，可在青贮时喷洒添加水分。

3. 创造厌氧环境

主要措施是原料切短，装实压紧，青贮窖密封。

（二）青贮窖

青贮窖有地下式及半地下式两种。地下式青贮窖适于地下水位较低、土质较好的地区，半地下式青贮窖适于地下水位较高或土质较差的地区。青贮以圆形或长方形为好。有条件的可建成永久性窖，窖四周用砖石砌成，三合土或水泥抹面，要坚固耐用，内壁光滑，不透气，不漏水。圆形窖做成上大下小，便于压紧，长形青贮窖窖底应有一定坡度，汁水或积水便于流出。青贮窖容积，一般圆形窖直径2米，深3米，直径与窖深之比以1：1.5～2.0为宜。长方形窖的宽深之比为1：1.5～2.0，长度根据家畜头数和饲料多少而定。

容量计算：牧草、野草为600千克/立方米，全株玉米600千克/立方米，青贮玉米秸450～500千克/立方米。

（三）青贮的步骤和方法

饲料青贮是一项突击性工作。操作要点概括起来要做到"六随三要"，即随割、随运、随切、随装、随踩、随封，连续进行，一次完成；原料要切短、装填要踩实、窖顶要封严。

1. 原料的适时收割

优良的青贮原料是调制优良青贮料的物质基础。整株玉米青贮应在蜡熟期，其明显标记是，靠近籽粒尖的几层细胞变黑而形成黑层。检查方法是：在果穗中部剥下几粒，然后纵向切开或切下尖部寻找靠近尖部的黑层，如果黑层存在，就可刈割作整株玉米青贮。黄贮是收果穗后的玉米秸青贮，宜在玉米果穗成熟、玉米茎叶仅有下部 1~2 片叶枯黄时，立即收割玉米秸青贮。

2. 切短

青贮原料切短的目的是便于装填紧实，取用方便，家畜便于采食，且减少浪费。切短程度应视原料性质和畜禽需要来定，对牛羊来说，细茎植物如禾本科牧草、豆科牧草、草地青草等，切成 3~4 厘米长即可；对粗茎植物或粗硬的植物如玉米等，切成 2~3 厘米较为适宜。

3. 装填压紧

装窖前，先将窖打扫干净，窖底部可填一层 10~15 厘米厚的切短的干秸秆或软草，以便吸收青贮液汁。若为土窖或四壁密封不好，可铺塑料薄膜。装填青贮料时应逐层装入，每层装 15~20 厘米厚，随即踩实，然后再继续装填。装填时应特别注意四角与靠壁的地方，要达到弹力消失的程度，如此边装边踩实，一直装满并高出窖口 70 厘米左右。长方形窖或地面青贮时，可用拖拉机进行碾压，小型窖亦可用人力踏实。青贮料紧实程度是青贮成败的关键之一，青贮紧实度适当，发酵完成后饲料下沉不超过深度的 10%。

4. 密封

填满窖后，先在上面盖一层切短的秸秆或软草（厚 20 ～ 30 厘米）或铺塑料薄膜，然后再用土覆盖拍实，厚 30 ～ 60 厘米，并做成馒头形，有利于排水。青贮窖密封后，为防止雨水渗入窖内，距离四周约 1 米处应挖排水沟。以后应经常检查，窖顶下沉有裂缝时，应及时覆土压实，防止雨水渗入。

（四）青贮的品质鉴定

青贮料品质的优劣与青贮原料种类、刈割时期以及青贮技术等密切相关。正确青贮，一般经 17 ～ 21 天的乳酸发酵，即可开窖取用。通过品质鉴定，可以检查青贮技术是否正确，判断青贮料营养价值的高低。

1. 感官评定

开启青贮窖时，从青贮饲料的色泽、气味和质地等进行感官评定。

（1）色泽。优质的青贮饲料非常接近于作物原先的颜色。若青贮前作物为绿色，青贮后仍为绿色或黄绿色最佳。一般来说，品质优良的青贮饲料颜色呈黄绿色或青绿色，中等的为黄褐色或暗绿色，劣等的为褐色或黑色。

（2）气味。品质优良的青贮料具有轻微的酸味和水果香味。所以，芳香而喜闻者为上等，刺鼻者为中等，臭而难闻者为劣等。

（3）质地。植物的茎叶等结构应当能清晰辨认。优良的青贮饲料，在窖内压得非常紧实，但拿起时松散柔软，略湿润，不粘手，茎叶花保持原状，容易分离。中等青贮饲料茎叶部分保持原状，柔软，水分稍多。劣等的结成一团，腐烂发黏，分不清原有结构。

2. 化学分析鉴定

用化学分析测定 pH 值、氨态氮和有机酸（乙酸、丙酸、丁酸、乳酸的总量和构成），可以判断发酵情况。

（1）pH 值（酸碱度）。pH 值是衡量青贮饲料品质好坏的重要指标之一。优良青贮饲料 pH 值在 4.2 以下，超过 4.2（低水分青贮除外）说明青贮发酵过程中，腐败菌、酪酸菌等活动较为强烈；劣质青贮饲料 pH 值在 5.5 ~ 6.0；中等青贮饲料的 pH 值介于优良与劣等之间。

（2）氨态氮。氨态氮与总氮的比值是反映青贮饲料中蛋白质及氨基酸分解的程度。比值越大，说明蛋白质分解越多，青贮质量越不佳。

（3）有机酸含量。有机酸总量及其构成可以反映青贮发酵过程的好坏，其中，最重要的是乳酸、乙酸和丁酸，乳酸所占比例越大越好。优良的青贮饲料，含有较多的乳酸和少量乙酸，而不含丁酸。品质差的青贮饲料，含丁酸多而乳酸少。

（五）青贮饲料的利用

1. 取用方法

开窖取用时，表层酸败者弃掉。长方形窖，自一端开始分段取用，不要挖窝掏取，取后必须覆盖，尽量减少与空气的接触面。每次用多少取多少，不能一次取大量青贮料堆放在畜舍慢慢饲用，要用新鲜青贮料。

2. 饲喂技术

青贮饲料为牛羊粗饲料的一部分，一般占日粮干物质的50%以下。刚开始喂时家畜不喜食，喂量应由少到多，逐渐适应后即可习惯采食。喂青贮料后，仍需喂精料和干草。训练方法有3种：先空腹饲喂青贮料，再饲喂其他草料；先将青贮料拌入精料喂，再喂其他草料；先少喂后逐渐增加。由于青贮料含有大量有机酸，具有轻泻作用，因此，母畜妊娠后期不宜多喂，产前15天停喂。劣质的青贮饲料有害畜体健康，易造成流产，不能饲喂。冰冻的青贮饲料也易引起母畜流产，应待冰融化后再喂。

成年牛每100千克体重日喂青贮料量：泌乳牛5~7千克，肥育牛4~5千克，种公牛1.5~2.0千克。

绵羊每50千克体重日喂青贮料量：成年羊1~1.5千克，羔羊0.4~0.6千克。

八、青干草调制技术

（一）概述

青干草调制技术是指在饲草的质和量兼优时期刈割，通过自然或人工干燥方法使刈割后的新鲜饲草处于生理干燥状态，细胞呼吸和酶的作用逐渐减弱直至停止，饲草的养分分解很少，可达到长期保存的技术。

青干草调制过程一般分为 2 个阶段。第一阶段从饲草刈割到水分降至 50% 左右，此时细胞尚未死亡，呼吸作用继续进行。第二阶段饲草水分从 50% 降至 17% 以下，此时饲草细胞的生理作用停止，多数细胞已经死亡，呼吸作用停止，微生物的繁殖活动也趋于停止。所以在青干草调制时，首先要掌握适宜的刈割时间，一般禾本科牧草在抽穗到初花期收割，如青燕麦、黑麦草、老芒麦草等。豆科牧草（如苜蓿）在孕蕾开花期收割，产量和质量均较高。其次，选择合理的调制方法，一般分为自然干燥和人工干燥。第三，掌握牧草的含水量，一般保持在 15% ~ 17%。目前，生产中常用的饲草调制技术分为自然干燥和人工干燥两种，自然干燥又分为地面干燥和草架干燥。调制成的青干草应保存有大量的叶、嫩枝和花序，具有深绿的颜色和芳香的气味。

豆科牧草和禾本科牧草的区别：主要是人工种植牧草，两种草的生长形态和蛋白含量不一样。豆科牧草的苜蓿，蛋白含量高，多年生（种一年可收割 8 ~ 10 年），外观上花大，颜色鲜艳，像蝴蝶状，叶子为羽状复叶，根为直根系，有根瘤菌。

禾本科牧草如燕麦，蛋白含量低，花不鲜艳、很小、一般看不见，叶子像马蔺叶子，一年生（每年都要种），根部为须根系、无根瘤菌。

（二）特点

1. 适时收割可最大限度地保存饲草的营养价值

人工种植的饲草，伴随其生长、成熟，饲草自身的化学成分和营养价值也在发生变化。从最佳营养价值利用的角度进行适时的收割，加工调制，可最大限度地保存饲草的营养价值。如紫花苜蓿最适宜收获时期是开花初期，既有 10% 植株开花，90% 的植株处于现蕾期。这时的营养价值最高，此时收割的紫花苜蓿干物质中粗蛋白含量为 20% ~22%，粗脂肪含量为 3.5%。

2. 要根据饲草的特性选择加工方法

要根据饲草的特性选择合适的加工调制方法，如苜蓿草的叶片、叶柄容易干燥，而茎秆的干燥速度较慢，在晾晒、打捆、搬运时，叶片极易脱落，而叶片是营养含量最丰富的部分，为减少叶片中的营养损失，提高牧草品质，宜选择人工快速干燥法或茎秆压扁干燥法制备干草。

3. 制备干草必须要掌握的原则

一是尽量加速饲草的脱水，缩短干燥时间，以减少干燥时发生的系列化学反应，尤其要避免雨淋。

二是在干燥末期应力求饲草各部分的含水量均匀。

三是饲草在干燥过程中，应尽量避免在阳光下长期暴晒。

四是集草、堆草、压捆时，应在饲草细嫩部分尚不易折断时进行。

（三）自然干燥法调制干草工艺

1. 地面干燥法

此法是当前生产中使用最广泛、最简单的方法。干草的营养物质变化及其损失在这种方法中最易发生。干草调制过程中的主要任务就是在最短的时间内达到干燥状态，采用地面干燥法干燥饲草的具体过程和时间随地区气候条件的不同也不完全一致。

饲草在刈割以后，先在草场上就地干燥 6 ~ 7 小时（有机械条件的，如刈割的苜蓿草可先进行压扁茎秆），应尽量摊晒均匀，并及时进行翻晒通风 1 ~ 2 次或多次。含水 40% ~ 50%（茎开始凋萎，叶子还柔软，不易脱落时）时用搂草机搂成松散的草垄，使饲草在草垄上继续干燥 4 ~ 5 小时，含水量约 30% ~ 40%（叶子开始脱落以前）用集草器集成草堆，再经过 1 ~ 2 天干燥就可调制成干草（此时水分约在 17%）。

用此法调制成的干草打捆后拉运到有良好通风条件的草棚中堆垛贮存，草垛的底部要铺一层木板或木条，不要把草捆直接堆在地面上，每隔 4 ~ 5 米要留一通风道以利通风，使堆垛的草捆中的水分逐渐降到 15% 以下，这样才能长期保存。

这种开始采用平铺晒草，以后集成草垄或小堆干燥的方法有如下优点。

①干燥速度快，可减少因植物细胞呼吸造成的养分损失。

②后期接触阳光暴晒面积小，能更好地保存青草中的胡萝卜素，同时在堆内干燥，可适当发酵，形成一些酯类物质，使干草具有特殊的香味。

2. 草架干燥法

在多雨地区饲草收割时，因地面干燥法调制干草不易成功，可以在专门制造的干草架上进行干草调制，适用于人工草地。虽然需用一部分设备费用或较多的工人，但架上调制的干草，质量较高，草架主要有独木架、三角架、铁丝长架和棚架等。

用干草架进行饲草干燥时，首先把割下的饲草在地面上干燥半天或一天，使其含水量降至45%～50%，然后再用草叉将草上架，但遇雨时不用地面干燥应立即上架，堆放饲草时应自下而上逐层堆放，草的顶端朝里，同时，应注意最下面的一层饲草应高出地面，不与地表接触，这样既有利于通风，也避免与地面接触吸潮。在堆放完毕后应将草架两侧饲草整理平顺，这样遇雨时雨水可沿其侧面流至地表，减少雨水浸入草内。

3. 青燕麦草的冻干调制法

青海省东部农业区饲草种植种类中，青贮玉米面积较大。其次是青燕麦草和黑麦草。其他饲草如紫花苜蓿、红豆草种植规模较小，复种的主要为毛苕子草等。

在调制青干草的方式中，除以上的地面自然干燥法等方式外，在脑山、浅山地区，对青燕麦草还采用冻干法制干草。

因脑山、浅山地区气候环境的自然因素，青燕麦草在端午节前后种植，到秋末正处于抽穗到开花期，此时脑山、浅山地区的气候已经开始寒冷，开始有霜冻降临，因而在第一次霜冻降临之际收割青燕麦草，平铺在地里，经过霜冻晾晒，虽然太阳暴晒力度降低，但经霜冻过程，青燕麦中的一些霉菌被杀死，反而有利于青燕麦草的保存，在地里晾晒几天后再堆成小堆放几天，水分降到20%，便可拉运到贮草棚中贮存。此种冻干调制法是根据气候条件总结出来的，适用于农户小规模种草的调制。

（四）人工快速干燥法调制干草工艺

饲草人工干燥法分为通风干燥法和高温快速干燥法两种。

通风干燥法一般需要建造干草棚，棚内设有电风扇、吹风机、送风器和各种通风道，也可在草场的一角安装吹风机、送风器，在场内设通风道借助送风，对刈割后在地面预干到含水50%的饲草进行不加温干燥。

高温快速干燥法需要烘干机，将切短的牧草快速通过高温干燥机，将送入饲草干燥套筒的空气温度加热到80℃左右，2~5秒后，饲草含水量从70%左右迅速降到10%~15%。整个干燥过程由恒温器和电子仪器控制。用此法将调制的干草可保存90%以上营养成分。此种调制工艺在大型草产品加工厂采用。

（五）农作物秸秆的调制

青海省东部农业区的农作物秸秆量大，在调制上主要是从破坏秸秆粗纤维结构上采用不同处理方法。虽然秸秆中粗蛋白含量低，粗脂肪含量低，维生素缺乏，磷含量低，家畜对其直接利用消化率只有40%左右。但是，现在农区收获的秸秆大多都是收割机收割后形成的，没有经过传统的碾压过程，所以，秸秆粗硬，适口性差。建议饲喂牛羊的农作物秸秆还是要经过碾压或者揉搓，以提高适口性。

（六）堆垛前干草水分含量的判断

掌握正常的青干草水分含量进行堆垛是防止和杜绝草垛发霉、腐烂的关键。实践证明，堆垛贮存的干草水分含量不宜超过17%。

（1）含水在15%~16%的青干草，用手揉搓成草束时能沙沙作响，并发出较清脆的咔嚓声（但叶量丰富的低矮牧草可能没有咔嚓声）。草束反复折曲时易断，揉搓的草束能迅速、完全的散开，叶子干燥而卷曲，茎上的表皮用指甲几乎不能剥下，牧草的茎叶呈深红色或褐色。这样的牧草可以堆垛保存。

（2）含水在17%~18%的青干草，揉搓成草束时没有干裂声，仅能沙沙作响。草束不易折断，且舒散缓慢，叶子部分卷曲。茎秆折曲时会留下折痕，但不易折断，表皮几乎不能剥下。这样的牧草难以长期保存。

（3）含水在19%~20%的青干草，握紧草束时不能产生清脆的干裂声，干草柔松，易捻成结实而柔韧的草辫，虽有潮湿感，但豆科牧草上部茎皮有时可以剥下。这样的牧草堆垛保存有危险。

（4）含水在23%~25%的青干草，揉搓时没有声响，且不能散开，多次折曲草束时，折曲处有水珠，手插入草中有凉感。这样的牧草不能堆垛保存。

（七）干草的堆垛贮藏和管理

调制好的青干草应及时妥善收藏保存，以免引起青干草发酵、发热、发霉而变质，降低其饲用价值。要尽量缩小与空气的接触面，减少日晒雨淋等影响。

1. 青干草的贮藏方法

（1）露天堆垛。垛址应选择在地势高而平坦、干燥、排水良好，雨、雪水不能流入垛底的地方。距离畜舍不能太远，以便于运输和取送。

（2）草棚堆藏。草棚应建在离畜舍较近、易管理的地方，要有一个防潮底垫。堆草方法与露天堆垛基本相同。堆垛时干草和棚顶应保持一定距离，有利于通风散热，也可利用空房或房前屋后能遮雨的地方贮藏。

（3）压捆青干草的贮存。散干草体积大，为便于装卸和运输，将损失降至最低限度并保持青干草的优良品质，生产中常把青干草压缩成长方形或圆形的草捆，然后一层一层叠放贮藏。草捆垛的大小，可根据贮存场地加以确定。

2. 露天堆垛贮存技术

青干草宜贮存在专门的棚舍内，但生产上因为青干草的贮存量太大，一般都采取露天堆垛贮存，只要方法得当，也不失为一种经济实用的方法。

（1）垛地选择。宜选择地势平坦、干燥、排水良好的地方堆垛，同时要求垛地距畜舍不能太远，以利取用方便。

（2）垛基。为防止积水潮湿，垛基应高出周围地面 0.5 米左右，最好用石头、木头或秸秆等搭起一平台，并在四周设排水沟。

（3）垛的形式及大小。草垛的形状很多，一般多采用圆形和长方形两种。但无论哪种形式，均应由下向上逐渐扩大，顶部时又逐渐收拢缩成圆形，形成中大、上圆的形状。草垛的大小，圆形一般直径为 4 ~ 5 米，高 6 ~ 6.5 米；长方形的一般宽 4.5 ~ 5 米，高 6 ~ 6.5 米，长 8 ~ 10 米。

（4）草垛的堆积。先在垛底中部放置 0.5 米高的石块，然后以石块为轴由外向里分层摆放牧草，使之形成外部稍低，而中部隆起的弧形，每层约 30 ~ 60 厘米厚。当推到一定程度后，再向上移动，直到草垛基本堆成。

（5）封顶。一般可用干燥的杂草或麦秸覆盖顶部，并逐渐铺压。垛顶不能有凹陷或裂缝，最后草垛顶脊必须用绳或泥土封压坚固，以防大风吹刮。

3. 储藏期的管理

为了保证垛藏青干草的品质和避免损失，对贮藏的青干草要指定专人负责检查和管理，应注意防水、防潮、防霉、防火、人为破坏，更要注意防止老鼠类动物的破坏和污染。堆垛初期，定期检查，如果发现有漏缝，应及时加以修补。如果垛内的发酵温度超过45~55℃时，应及时采取散热措施，否则干草会被毁坏，或有可能发生自燃着火。散热办法是用一根粗细和长短适当的直木棍，先端削尖，在草垛的适当部位打几个通风眼，使草垛内部降温。

此外，为使牧草安全贮藏，生产上还常使用一些防腐剂，如丙酸及盐类等物。

（八）青干草品质感官鉴定

理论上讲，评定青干草的品质要根据其消化率和营养价值的高低而定，但生产实践中往往采取简便的方法，即只对其进行感官评定。

1. 植物学组成

豆科或禾本科青干草，均要求无杂草或不超过5%，混合牧草干草，豆科超过5%~10%时列为上等；青干草中禾本科和可食杂草类占8%以上为中上等；不可食杂草超过10%~15%时，列为劣等；有毒有害牧草超过1%的则不可饲用。

2. 色、香、味

青干草的颜色鲜绿，香味浓郁者为优等；颜色灰绿，有香味者列为中等；颜色发黄，且有褐色斑点，无香味或少香者列为劣等；发霉变质有腐臭味者，则不能饲用。

3. 花序和叶量多少

花序和叶量越多，说明养分损失少，叶及花序损失不到5%者为优等；介于5%~10%为中等；大于10%者为劣等。

九、牛羊主要疫病防治方法

牛羊的疫病防治，主要有两个方面：一是传染病防治，二是寄生虫病防治。传染病防治是根据育肥地区和育肥牛羊来源地的疫病流行规律，进行适时的预防接种，加强疫病监测、进出场检疫和环境消毒等工作。寄生虫病防治是在剪毛后针对体外寄生虫病用药，即药浴、淋浴或在早春季节，对育肥羊进行以幼虫期线虫为主的内寄生虫驱除工作。防治工作大体上分为强制性疫病的防治和非强制性疫病的防治。一旦发生疫病，应视疫病类型，实施相应的防治措施。

（一）我国一、二、三类疾病名录

1. 一类动物疫病（17 种）

口蹄疫、猪水泡病、猪瘟、非洲猪瘟、高致病性猪蓝耳病、非洲马瘟、牛瘟、牛传染性胸膜肺炎、牛海绵状脑病、痒病、蓝舌病、小反刍兽疫、绵羊痘和山羊痘、高致病性禽流感、新城疫、鲤春病毒血症、白斑综合征。

2. 二类动物疫病（77 种）

（1）多种动物共患病（9 种）。狂犬病、布鲁氏菌病、炭疽、伪狂犬病、魏氏梭菌病、副结核病、弓形虫病、棘球蚴病、钩端螺旋体病。

（2）牛病（8 种）。牛结核病、牛传染性鼻气管炎、牛恶性卡他热、牛白血病、牛出血性败血病、牛梨形虫病（牛焦虫病）、牛锥虫病、日本血吸虫病。

（3）绵羊和山羊病（2种）。山羊关节炎脑炎、梅迪—维斯纳病。

（4）猪病（12种）。猪繁殖与呼吸综合征（经典猪蓝耳病）、猪乙型脑炎、猪细小病毒病、猪丹毒、猪肺疫、猪链球菌病、猪传染性萎缩性鼻炎、猪支原体肺炎、旋毛虫病、猪囊尾蚴病、猪圆环病毒病、副猪嗜血杆菌病。

（5）马病（5种）。马传染性贫血、马流行性淋巴管炎、马鼻疽、马巴贝斯虫病、伊氏锥虫病。

（6）禽病（18种）。鸡传染性喉气管炎、鸡传染性支气管炎、传染性法氏囊病、马立克氏病、产蛋下降综合征、禽白血病、禽痘、鸭瘟、鸭病毒性肝炎、鸭浆膜炎、小鹅瘟、禽霍乱、鸡白痢、禽伤寒、鸡败血支原体感染、鸡球虫病、低致病性禽流感、禽网状内皮组织增殖症。

（7）兔病（4种）。兔病毒性出血病、兔黏液瘤病、野兔热、兔球虫病。

（8）蜜蜂病（2种）。美洲幼虫腐臭病、欧洲幼虫腐臭病。

（9）鱼类病（11种）。草鱼出血病、传染性脾肾坏死病、锦鲤疱疹病毒病、刺激隐核虫病、淡水鱼细菌性败血症、病毒性神经坏死病、流行性造血器官坏死病、斑点叉尾鮰病毒病、传染性造血器官坏死病、病毒性出血性败血症、流行性溃疡综合征。

（10）甲壳类病（6种）。桃拉综合征、黄头病、罗氏沼虾白尾病、对虾杆状病毒病、传染性皮下和造血器官坏死病、传染性肌肉坏死病。

3. 三类动物疫病（63种）

（1）多种动物共患病（8种）。大肠杆菌病、李氏杆菌病、类鼻疽、放线菌病、肝片吸虫病、丝虫病、附红细胞体病、Q热。

（2）牛病（5种）。牛流行热、牛病毒性腹泻/黏膜病、牛生殖器弯曲杆菌病、毛滴虫病、牛皮蝇蛆病。

（3）绵羊和山羊病（6种）。肺腺瘤病、传染性脓疱、羊肠毒血症、干酪性淋巴结炎、绵羊疥癣，绵羊地方性流产。

（4）马病（5种）。马流行性感冒、马腺疫、马鼻腔肺炎、溃疡性淋巴管炎、马媾疫。

（5）猪病（4种）。猪传染性胃肠炎、猪流行性感冒、猪副伤寒、猪密螺旋体痢疾。

（6）禽病（4种）。鸡病毒性关节炎、禽传染性脑脊髓炎、传染性鼻炎、禽结核病。

（7）蚕、蜂病（7种）。蚕型多角体病、蚕白僵病、蜂螨病、瓦螨病、亮热厉螨病、蜜蜂孢子虫病、白垩病。

（8）犬猫等动物病（7种）。水貂阿留申病、水貂病毒性肠炎、犬瘟热、犬细小病毒病、犬传染性肝炎、猫泛白细胞减少症、利什曼病。

（9）鱼类病（7种）。鮰类肠败血症、迟缓爱德华氏菌病、小瓜虫病、黏孢子虫病、三代虫病、指环虫病、链球菌病。

（10）甲壳类病（2种）。河蟹颤抖病、斑节对虾杆状病毒病。

（11）贝类病（6种）。鲍脓疱病、鲍立克次体病、鲍病毒性死亡病、包纳米虫病、折光马尔太虫病、奥尔森派琴虫病。

（12）两栖与爬行类病（2种）。鳖腮腺炎病、蛙脑膜炎败血金黄杆菌病。

（二）强制免疫性疫病的防治

所谓强制性疫病就是指严重危害养殖业生产和人体健康，影响和阻碍动物产品贸易的疾病。这类疫病被国家列入重点预防，控制对象,并有一套严厉的强制性预防,控制和扑灭措施。这类疫病主要有口蹄疫、炭疽、小反刍兽疫、布鲁氏菌病和绵羊痘。

《中华人民共和国动物防疫法》对于这类动物疫病的防疫已有明确强制性规定。对易感动物实施计划免疫和紧急免疫接种、强制性对疫点、疫区封锁、强制性对进出动物及其产品检疫、强制性对病畜及同群畜扑杀、强制性对可能污染的环境消毒,并强化有关单位、个人动物疫情报告制度、强化防疫监督检查的防疫措施,任何单位和个人都必须无条件地按照各级人民政府规定的预防规划和计划严格执行,否则就是违法。

1. 口蹄疫

口蹄疫又称"口疮"、"蹄癀",是一种急性、热性、接触性传染病。本病以口腔黏膜、蹄部皮肤发生水痘、溃烂为特征。口蹄疫传染性极强,发病率高,除羊外,牛、猪、鹿、骆驼等偶蹄动物和人群间均可传染发病。

(1)病原。为口蹄疫病毒,它具有多型性。病毒主要存在于患病动物的水疱皮以及淋巴液中。发热期,病畜的血液中病毒的含量高,而退热后在乳汁、口涎、泪液、粪便、尿液等分泌物、排泄物中都带有病毒。

(2)临床症状与诊断。临床上羊表现体温升高,精神萎靡、食欲减退,常见于口腔黏膜、蹄部皮肤形成水疱、溃疡和糜烂。有时病症也见于乳房部位。口腔疼痛、流涎,涎水呈泡沫状。如单纯于口腔发病,一般1~2周可望痊愈,当累及蹄部或乳房时,则2~3周方能痊愈。一般呈良性经过,死亡率在2%~3%,羔羊、犊牛发病则常表现为恶性口蹄疫,发生心肌炎,有时呈出血性胃肠炎而死亡,死亡率可达20%~50%。

(3)剖检。病死牛羊,除见口腔、蹄部和乳房部等处出现水疱、烂斑外,严重病例的咽喉、气管、支气管和前胃黏膜有时也有烂斑和溃疡形成。前胃和肠黏膜可见出血性炎症。心包有散在性出血点。心肌松软，似煮熟状；心肌切面呈现灰白色或淡黄色的斑点或条纹，像老虎身上的斑纹，称为"虎斑心"。实验室诊断可进行病原学和血清学实验，由兽医及时采集水疱液或水疱皮样品，进行口蹄疫病毒的检测。

（4）预防。发生疫情立即封锁疫区，禁止易感动物出入，停止一切贸易活动，并报告有关主管部门。对患病牛羊和同群牛羊全部进行扑杀、销毁，对可能被污染的场地、圈舍、运输工具、废料等应严格消毒，对疫区和受威胁区健康牛羊群进行紧急免疫接种，免疫接种先注射安全区，然后注射受威胁区，最后注射疫区周围，坚持计划免疫制度。目前主要使用 O 型 – 亚洲 1 型二价灭活疫苗，肌肉注射每只羊 1 毫升、牛 2 毫升，春秋两季各接种1 次。

2. 炭疽

炭疽是由炭疽杆菌引起的一种急性、热性、败血型传染病。农业区通称"沙症"。炭疽多呈最急性，常突然发病，眩晕、可视黏膜发绀，天然孔出血，如果病原扩散，污染土壤、牧场等环境，可形成持久性的疫源地，造成本病常在一定地区内流行的趋势。

（1）病原。病原为炭疽杆菌。炭疽杆菌是一种粗而长的革兰氏阳性大杆菌，分类属芽孢杆菌科、芽孢杆菌属。无运动性，本菌在病料内常单个散在，或几个菌体相连，呈短链条状排列，菌体周围可形成荚膜，整个菌体呈竹节状。芽孢抵抗力很强，干燥环境中能存活 10 年之久，经煮沸需 15 ~ 25 分钟才能杀死，临床上针对环境与用具常用 20% 漂白粉、0.5% 过氧乙酸和 10% 氢氧化钠溶液消毒。

（2）临床症状及诊断。牛羊多为急性死亡，突然倒地，全身痉挛、磨牙、天然孔流出带有气泡的黑红色液体且不易凝固，于几分钟内死亡。本病的症状出现后，一般治疗无效。

（3）剖检。死后剖检，外观尸僵不全，腹部腐败迅速，并极度膨胀，天然孔出血，可视黏膜发绀或有点状出血。实验室诊断可从病死羊只末梢血管采血或采取小块脾脏压片，用瑞华染液或美蓝染液染色，进行细菌学检查，若发现带有荚膜的单个、成双或短链的粗大杆菌即可确诊。

（4）预防治疗。对炭疽常发及受威胁地区的牛羊，每年应做好疫苗预防接种工作。目前，我国常用两种炭疽疫苗：一种是无菌炭疽芽孢苗，另一种是Ⅱ号炭疽芽孢苗。两种疫苗均在接种后14 天产生免疫力，免疫期为 1 年。对不明原因而突然死亡的牛羊只，不准擅自扒皮吃肉，应在兽医检查后焚烧销毁处理。严禁将尸体随意剖解，到处乱埋或任意抛弃在野外。

有炭疽病例发生时，应迅速查明原因，及时划定疫区并封锁，隔离病牛羊，对污染的羊舍，用具以及地面彻底消毒，可用10% 氢氧化钠溶液或 20% 漂白粉溶液连续消毒 3 次。病畜的粪便、垫草应焚烧，被污染的土壤，以漂白粉溶液消毒后，应铲除15 厘米并垫以新土。全群牛羊连用抗生素 3 天，有一定预防作用。

病畜治疗应在严格隔离的条件下进行。可采用特异性血清法结合药物治疗，给病羊皮下注射或静脉注射 30 ~ 60 毫升抗炭疽血清，必要时可在 12 小时后再注射 1 次，病初应用效果好。炭疽杆菌对青霉素、土霉素敏感，其中，青霉素最为常用，剂量按每千克体重 1.5 万单位，每 8 小时注射一次，直到体温下降后再继续注射 2 ~ 3 天。

3. 小反刍兽疫（PPR）

小反刍兽疫又称为羊瘟、小反刍兽瘟、胃肠炎—肺炎综合征等，临床表现因与感染牛瘟病毒的症状类似，又称为伪牛瘟。是由小反刍兽疫病毒（PPRV）引起小反刍动物的急性接触性传染性疾病。该病于 1942 年非洲西部的象牙海岸首次爆发后被命名为小反刍兽疫，世界动物卫生组织（OIE）将其列为必须报告的动物疫病之一，我国将其列为一类动物疫病。2007 年 7 月，小反刍兽疫首次传入我国西藏自治区（全书简称西藏）；2013 年在新疆、甘肃古浪等地连续发生了小反刍兽疫疫情。PPR 具有较高的病死率，在首次爆发的动物群里病死率高达 50%～80%，可造成破坏性的经济影响。其临床特征是高热稽留（40℃以上）、眼鼻分泌物增加、口腔糜烂、腹泻、肺炎。小反刍兽疫病毒山羊高度易感，绵羊次之，野羊易感，牛呈亚临床感染，猪可实验感染，但不排毒，人不感染。

（1）病原。由副黏病毒科麻疹病毒属小反刍兽疫病毒（PPRV）引起的。与牛瘟病毒有相似的物理化学及免疫学特征。PPRV 病毒很脆弱，离开宿主后很难生存，有囊膜，病毒粒子呈多形性，通常为圆形或椭圆形，直径为 130～390 纳米。病毒颗粒较牛瘟病毒大，核衣壳为螺旋中空杆状并有特征性的亚单位。病毒可在胎绵羊肾、胎羊及新生羊的睾丸细胞、Vero 细胞上增殖，并产生细胞病变（CPE），形成合胞体。病毒粒子在 pH 值 4～10 的环境中稳定，对乙醇、乙醚和一些去垢剂敏感，大多数化学消毒剂如酚类、2% NaOH 等 24 小时可将其灭活，非离子去污剂可使病毒纤突脱落，降低其感染力。PPRV 病毒对温度较敏感，50℃维持 1 小时就可使其失活。

（2）流行特点。传染源是患病动物及其分泌物、排泄物、组织或被污染的草料、用具和饮水等。患病羊只的眼、口、鼻的分泌物中病毒含量较高，疾病后期病羊的排泄物中病毒含量也较高。

传播途径。健康动物近距离接触传染源而传播，呼吸道是重要的传播途径，也可通过乳汁、精液和胚胎传播。虽然动物不能成为 PPRV 的长期携带者，但研究证明临床上恢复期的山羊在 11~12 周仍能检测到病毒抗原。

季节性。在雨季、干燥寒冷的季节 PPR 爆发流行更为频繁。

PPRV 病毒的宿主。山羊和绵羊是 PPRV 的自然宿主，绵羊和山羊更易感，3~8 月龄的山羊最易感，猪对本病呈亚临床感染，不传播病毒。

危害。PPR 潜伏期一般 4~5 天，短的 1~2 天，长的 10 天，《国际动物卫生法典》规定为 21 天。如同其他动物传染病，首次入侵时，所有被感羊群呈大爆发流行，以后变为散发，随季节性羊羔的出生而病例增加。对于幼龄动物致死率可达 50%~80%，山羊的发病率可达 100%，死亡率可达 20%~90% 不等，严重爆发时死亡率达到 100%。发病率和病死率因羊的品种、饲养环境、饲养条件的不同而有所差异。

（3）临床症状及诊断。潜伏期：一般为 4~6 天，短的 3~10 天。明显期：高热，直肠温度达到 40~41.5℃，一般发热可持续 3~5 天，精神沉郁，食欲不振，眼鼻开始浆液性分泌物，以后变为黏液脓性分泌物，口腔糜烂并大量流口水，出现严重的水样带血性腹泻，病畜多呼吸困难，鼻孔张开，舌伸出，出现肺炎症状、咳嗽、胸膜啰音，病羊腹式呼吸，发病 5~10 天后病羊脱水衰竭死亡，急性感染动物经过一段时间可以痊愈。根据上述症状可初步做出诊断，须与牛瘟、巴氏杆菌病、接触性痘疮、传染性羊胸膜肺炎、蓝舌病、口蹄疫等鉴别诊断。确诊需进行实验室诊断。采集病畜鼻腔，眼下结膜等分泌物；也可采集凝固血液或加抗凝剂的全血。实验室诊断方法主要有琼脂凝胶免疫扩散、病毒分离鉴定、血清学诊断。

（4）剖检。病畜肺部出现暗红色或紫色区域，触摸手感较硬；口腔黏膜、胃肠道黏膜出现大面积坏死；瘤胃、网胃、瓣胃很少损伤，皱胃常出现有规则的出血糜烂坏死；盲肠结肠交界处出现特征性的线状条带出血，鼻腔黏膜、喉等处可见小的淤血点。

（5）预防与治疗。始终坚持预防为主的原则，制定完善、切实可行的小反刍兽疫应急防疫机制。进行小反刍兽疫防疫知识的讲解，尤其是该病的特征性临床症状，认识到小反刍兽疫的危害性，思想上引起高度的重视，做到早准备、早预防、早发现、早报告，将疫情控制在最小范围。根据实际情况，制定科学合理的免疫程序，并严格遵守免疫操作规程，确保免疫质量。严格按疫程序定期对羊只进行免疫，同时保证全面免疫，避免出现免疫漏洞，详细记录免疫档案，有据可查。

严格控制省、区内反刍动物的调运，尤其严禁从疫区、发生疫情的羊场引进羊，严防疫情传入。必须引进时，引进羊必须经检疫合格方可引进，并一定要按检疫程序，隔离观察21天确认健康，并经强化免疫后方可混群，千万不能从市场上随意引进，以免传入疫情，造成重大的经济损失。发生疫情时，应立即划定疫点、疫区、受威胁区，并对疫区实行封锁，对周围健康羊只及受威胁的羊只紧急免疫接种。疫情处理应按照"早、快、严"的原则，坚持扑杀。彻底消毒、严格封锁、防治扩散。

4. 绵羊痘

绵羊痘又名"绵羊天花"，是一种急性、热性、接触性传染病。本病以无毛或少毛部位皮肤和黏膜发生痘疹为特征。典型绵羊痘病程一般病初红斑、丘疹，后变为水疱、脓疱，最后干结成痂，脱落而痊愈。绵羊痘是各种家畜中危害最严重的传染病，患病的成年羊严重影响采食，膘情迅速下降，死亡率上升；在产羔季节流行，妊娠母羊易发生流产，羔羊发病、死亡率更高，可导致重大损失。

（1）病原。病原为绵羊痘病病毒。绵羊痘病病毒分类上属痘病毒科，山羊痘病毒属。病毒主要存在于病羊皮肤和黏膜的丘疹、脓疱以及痂皮内。病羊分泌物内也含有病毒，发热期血液内也有病毒存在。

（2）临床症状及诊断。绵羊痘只发生于绵羊，不传染给其他家畜。病羊和带毒羊为主要传染源，通过呼吸道传播，也可经损伤的皮肤、黏膜感染，饲养人员、饲管用具、皮毛产品、饲草垫料以及外寄生虫均可成为传播媒介。

本病潜伏期平均为 6～8 天。流行初期只有个别羊发病，以后逐渐蔓延到全群。病羊体温升高达 41～42℃，食欲减退，精神不振，并伴有可视黏膜卡他性、化脓性炎症。经 1～4 天后开始发痘，痘症多发生于皮肤、黏膜无毛或少毛部位，如眼周围、唇、鼻、颊、四肢内侧、尾内侧、阴唇、乳房、阴囊以上。开始为红斑，1～2 天后形成丘疹，突出于皮肤表面，坚实而苍白，结节在 2～3 天内变成水疱，之后水疱内容物逐渐增多，中央凹陷呈脐状，在此期间体温稍有下降，水疱变为脓性，不透明，成为脓疱。化脓期间体温升高。如无继发感染，则几天内脓疱干缩成褐色痂块，脱落后遗留微红色或苍白色的瘢痕，经 3～4 周痊愈。

少数病例，因继发感染，痘疱出现化脓和坏疽，形成较深的溃疡，发出恶臭，常为恶性经过，死亡率可达 25%～50%，尸检可见在前胃和第四胃黏膜有大小不等的圆形或半球形坚实结节，单个或融合存在，严重者形成糜烂或溃疡。咽喉部、支气管黏膜也常有痘症，肺部可见酪样结节以及卡他性肺炎区。

（3）预防及治疗。加强饲养管理，勿从疫区引进羊只和购入羊肉、羊毛、羊皮产品，抓膘、保膘，冬春季节适当补饲，注意防寒保暖。

在疫区，受威胁区坚持免疫接种，使用绵羊痘冻干苗，大小羊只一律在尾部内侧皮下注射 0.5 毫升，4～6 天后可产生免疫力，保护期一年。

发生疫情时，划定疫点、疫区进行封锁，立即隔离，扑杀病羊，彻底消毒环境，病死或扑杀的羊只尸体焚烧销毁。疫区和受威胁区未发病羊群实施紧急免疫接种。对个别贵重病羊应在严格隔离条件下进行治疗，皮肤上的痘疱涂碘酊或紫药水，黏膜上的病灶用1%高锰酸钾溶液充分冲洗后，涂拭碘甘油或紫药水，继发感染时，肌肉注射青霉素80万~160万单位，连用2~3天，也可用10%磺胺嘧啶钠10~20毫升，肌肉注射1~3次。有条件时可选用羊痘免疫血清治疗，每只羊皮下注射10~20毫升，必要时重复用药1次。

5. 布鲁氏菌病

布鲁氏菌病是一种人畜共患慢性地方性传染病，主要侵害人和动物的生殖系统，羊只感染后，母畜发生流产，公畜患睾丸炎，本病分布广，不仅感染各类家畜，而且易传染给人，对畜牧业生产的发展和人类健康都有很大影响。

（1）病原。病原为布鲁氏菌。布鲁氏菌在分类上为布鲁氏菌属。有6个种，即牛布鲁氏菌、羊布鲁氏菌、猪布鲁氏菌、绵羊布鲁氏菌、犬布鲁氏菌和沙林鼠布鲁氏菌，前5种均感染家畜。布鲁氏菌为革兰氏阴性杆菌，无芽胞，无荚膜，无鞭毛，呈球状。布鲁氏菌在土壤、水中和皮毛上能存活几个月，一般消毒药能将其杀死。

（2）临床症状及诊断。该病母羊较公羊更敏感，在性成熟后更为易感。消化道或交配是主要感染途径。由于本病临床诊断中无明显的特征，因此，确诊主要依靠实验室诊断。牛羊群一旦感染此病，主要表现是孕畜流产，开始仅为少数，以后逐渐增多，严重时可达半数以上，但多数病羊流产1次。病羊发生流产是本病的主要症状。流产多发生在怀孕后3~4个月。有时病畜发生关节炎和滑液囊炎而致跛行，公畜发生睾丸炎，少部分发生角膜炎和支气管炎。

（3）剖检。常见胎衣呈黄色胶样浸润，其中部分覆有纤维蛋白和浓液，胎衣增厚并有出血点。流产胎儿主要呈败血症变化，浆膜与黏膜有出血点与出血斑，皮下和肌肉间发生浆液性浸润，脾脏和淋巴结肿大，肝脏有坏死灶。公畜发生化脓性坏死性睾丸炎和附睾丸炎，睾丸肿大，后期睾丸萎缩。

实验室检查主要根据细菌学、血清学和变态反应，特别是血清学和变态反应诊断更为实用。动物感染布鲁氏菌后1周左右血液中即出现凝集素，随后凝集素最高，可持续3~5个月。因此，凝集反应是诊断本病常用的血清学方法。此外，也可应用补体结合试验、全乳环状试验，也有新技术，如单克隆抗体试验、荧光抗体试验等。

（4）预防及治疗。在未发生本病的地区，不从疫区引进牛羊及其产品和饲料。坚持定期开展疫病监测工作，及时掌握饲养牛羊状况，有针对性地实施防疫措施；非安全区每年要按照计划接种疫苗，防止本病的发生和流行。使用的疫苗品种主要是羊型5号布鲁氏菌苗，其免疫保护期为2年。发现有病畜或带菌牛羊应及时隔离、淘汰，更新牛羊群，对流产的胎儿、胎衣、羊水及分泌物、排泄物等要焚烧处理，对可能被污染的环境要进行严格消毒。

（三）非强制免疫性疫病的防治

所谓非强制免疫性疫病就是指可给养殖业造成重大经济损失的疫病。这类疫病往往是因饲养环境控制不当而引起的。所以，只要加强饲养环境控制，提高饲养管理水平和实施有效防疫技术措施，这类疫病是能够控制的。现将这类疫病及防治措施介绍如下。

1. 羊链球菌病

羊链球菌病是一种急性、热性败血性传染病。本病以颌下和咽背淋巴结与咽喉肿胀、全身性的出血性败血症及卡他性与纤维性胸膜肺炎为特征。

（1）病原。病原为溶血性链球菌。按革兰氏分类法是属于 C 群的一种兽疫链球菌，为革兰氏阳性、球形或卵形细菌。不形成芽胞，无鞭毛，有的可形成荚膜，呈长短不一的链状排列。本菌能发酵葡萄糖、乳糖、麦芽糖、山梨醇，产酸不产气。本菌存在于病羊的血液、脏器及各种分泌物或排泄物，在鼻液、鼻腔、气管和肺中最多。对一般消毒药抵抗力不强，如 2% 来苏尔、0.5% 漂白粉即可杀死。

（2）临床症状及诊断。病羊和带菌羊是本病的主要传染源。主要通过呼吸道感染。其次是皮肤损伤感染。本病的流行有较明显的季节性，多在冬春流行。本病的发生和死亡与天气有很大关系。当天气严寒，变化剧烈或大风雪以后，发病和死亡数明显增加。本病潜伏期一般在 3 ~ 10 天，最急性的在 1 天之内，急性 2 ~ 3 天。病羊体温 41℃以上，精神不好，食欲减少，反刍停止。眼结膜充血、流泪、后期流出脓性分泌物。鼻腔流出浆液性鼻漏，以后变为脓性。口流涎，混有泡沫。此病的主要特征是：病羊呼吸急促而困难，咽喉部及颌下淋巴结肿大，有时舌也肿大，粪便松软带黏液和血液，孕羊流产。有的病羊眼睑、唇、颊肿胀，患畜临死前磨牙、呻吟，且有抽搐现象。

（3）剖检。最突出的病变是各脏器大面积出血，淋巴结肿大，鼻腔、咽喉、肺水肿和气肿，有时可见肝脾肿大、变性或坏死并与胸膜粘连；胸腹腔及心包积液，腹腔器官的浆膜都附有纤维素，用手触拉呈丝状，胆囊显著肿大。

结合流行病学、临床症状和剖检变化及细菌学检查可诊断。采集心、血、肝、脾、淋巴结等组织病料，直接涂片镜检或培养后镜检，可见双球型并有荚膜的革兰氏阳性球菌。

（4）预防及治疗。本病预防首先要认真做好抓膘、保膘，修棚圈，防风、防冻，避免拥挤，不要从疫区调进羊只及其产品。有本病存在的地区主要加强消毒工作，做好定期免疫，按时接种绵羊链球菌氢氧化铝甲醛疫苗预防，无论大小羊只肌肉注射 3 毫升。3 月龄以下羔羊，第一次注射后 2 ~ 3 周再注射 1 次。病羊的治疗可用青霉素或 10% 磺胺嘧啶钠，肌肉注射 1 ~ 2 次，也可用磺胺嘧啶片，内服 1 ~ 3 次。

2. 羊快疫

羊快疫是主要发生于绵羊的一种急性细菌性传染病。本病以突然发病，病程短促，真胃出血性、炎性损害为特征。

（1）病原。病原为腐败梭菌。腐败菌是革兰氏阳性的厌气大杆菌，属梭菌属。本菌在体内外均能产生芽胞，不形成荚膜，可产生多种外毒素。用病羊血液或脏器抹片可见单个或 2 ~ 5 个菌体相连的粗大杆菌，在肝被膜触片中呈长丝状，在诊断上具有重要意义。

（2）临床症状及诊断。发病羊只多为 6 ~ 18 月龄且营养良好的绵羊。主要经消化道感染。腐败梭菌通常以芽胞体形式散步于自然界中，特别是在潮湿、低洼或沼泽地带。羊采食污染的饲草或饮水时，芽胞体随之进入消化道，但此时并不一定引发本病。当存在诱发因素时，特别是秋冬或早春季节天气骤变、阴雨连绵之际，羊寒冷饥饿或采食了冰冻带霜的草料时，机体的抵抗力下降，腐败梭菌即大量繁殖，产生外毒素，使消化道黏膜发炎、坏死，并引起中毒性休克而发病。本病以散发性流行为主，患羊常无明显的临床症状即突然死亡，常见在放牧时死于牧场或早晨发现死于羊舍内。病程稍缓者，表现为不愿走动，运动失调、腹痛、腹泻、磨牙抽筋，最后衰竭昏迷，口流带血泡沫，多于数分钟至几小时内死亡，病程极为短促。

（3）剖检。多见死羊尸体迅速腐败膨胀，可视黏膜充血呈暗紫色，体腔多有积液。表现特征为真胃出血性炎症，胃底部及幽门黏膜可见大小不等的出血斑点及坏死区，黏膜下发生水肿；肠道内充满气体，常有充血、出血、坏死或溃疡；心内、外膜可见点状出血；胆囊多肿胀。

（4）预防及治疗。常发地区每年定期接种"羊四联疫苗"，不论羊只大小，皮下或肌肉注射 1 毫升，注苗后 2 周产生免疫力，保护期为半年。加强饲养管理，防止羊只受到寒冷袭击。有霜期早晨出牧不要过早，避免采食霜冻牧草。发病时及时隔离病羊，并将羊群转移到高燥牧地或草场。本病病程短促，往往来不及治疗。病程稍长者，可肌肉注射青霉素，每次 80 万～100 万单位，1 日 2 次，连用 2～3 天；灌服磺胺嘧啶，1 次 5～6 克，连服 3～4 次；必要时可将 10% 安钠咖 10 毫升加于 500～1 000 毫升的 5%～10% 葡萄糖溶液中，静脉滴注。

3. 羊肠毒血症

羊肠毒血症又称"软肾病"或"过食症"，是主要发生于绵羊的一种急性毒血症。本病以急性死亡，死后肾软化为特征。

（1）病原。病原为魏氏梭菌，又称产气荚膜杆菌，该菌在动物体内可形成荚膜，芽胞位于菌体中央。魏氏梭菌可产生多种外毒素，依据毒素—抗毒素和试验将魏氏梭菌分为 A、B、C、D、E 五个毒素型。羊肠毒血症由 D 型魏氏梭菌所引起。

（2）临床症状及诊断。以绵羊发病为多，通常以 2～12 月龄、膘情较好的羊只为主。魏氏梭菌为土壤常在菌，也存在于污水中，通常羊采食被芽胞污染的饲料或饮水，随之进入羊的消化道，一般情况下并不引起发病。当饲料突然改变，特别是吃干草改为采食大量的谷类或者青绿多汁和富含蛋白质的饲料后，导致羊的抵抗力下降和消化道功能紊乱，D型魏氏梭菌在肠道内迅速繁殖，产生大量毒素，经胰蛋白酶激活，进入血液，引起了全身毒血症，发生休克而死亡。本病的发生常表现一定的季节性，牧区以春夏之季抢青和秋季牧草结籽后的一段时间发病为多；农区则见于收割抢茬季节或采食大量富含蛋白质饲料时，一般呈散发性流行。

本病发生突然，病羊呈腹痛，肚胀症状，常离群呆立，卧地不起或独自奔跑。濒死期发生肠鸣或腹泻，排出黄褐色水样稀粪。病羊全身颤抖，磨牙后仰，口鼻流沫，于昏迷中死去。剖检可见具有特征性变化，主要表现小肠出血，肺出血，水肿，肾脏软化如泥样。

（3）预防及治疗。除参照羊快疫防治措施进行外，牧区、农区夏春之季少抢青、抢茬，秋季避免采食过量结籽牧草。

4. 羊猝疽

羊猝疽是一种败血症传染病。临床上以急性死亡、腹膜炎和溃疡性肠炎为特征。

（1）病原。病原为魏氏梭菌，又称产气荚膜杆菌。魏氏梭菌分类上属梭杆菌属，跟羊肠毒血症差不多，但羊猝疽是由C型魏氏梭菌所引起。

（2）临床症状及诊断。绵羊以1~2岁的羊只发病较多，呈地方性流行。主要经消化道感染后，C型魏氏梭菌在十二指肠、空肠里繁殖，产生毒素，引起羊只发病。本病病程短，常未见到症状羊只即突然死亡。剖检病尸可见十二指肠、空肠黏膜严重充血、糜烂，体腔内多有积液，浆膜上有小出血点，肌肉出血并有气性裂孔。

（3）预防及治疗。可参照羊快疫和羊肠毒血症的措施进行。

5. 羔羊痢疾（红肠子病）

羔羊痢疾是初生羔羊的一种急性毒血症，以剧烈腹泻和小肠溃疡为特征。本病可使羔羊大批死亡，特别危害 7 日龄以内的羔羊，又以 2～3 日龄内羔羊发病率最高。

（1）病原。病原为 B 型魏氏梭菌。

（2）临床症状及诊断。羊羔患病后，先是精神不好，低头拱背，不想吃奶，不久发生腹泻，粪便恶臭，稠的像面糊或稀薄如水，呈黄绿色或灰白色；后期患病羊粪便有的带血甚至成为血便，治疗不及时，常在 1～2 天内死亡，只有少数病轻者可自愈。

（3）剖检。可见尸体严重脱水，尾部污染有稀粪。真胃内有未消化的凝乳块；小肠尤其是回肠黏膜充血；心包积液，心内膜可见有出血点；肺脏常有充血区或淤血斑。对采集的病料，在实验室做病原学检查和毒素检查进行诊断。

（4）预防及治疗。加强怀孕母羊和产羔母羊的饲料管理，增强孕羊体质，产羔前对场地、棚圈、羊舍做一次预防性消毒，产羔季节注意保暖，防止羔羊受冻，合理哺乳，避免饥饱不均，产前、产后或接羔过程中都要注意清洁卫生。

每年产前定期接种羔羊痢疾灭活疫苗，也可在分娩前 20～30 天皮下注射，10 天后再接种 1 次，第 2 次接种后 10 天产生免疫力，经初乳可使羔羊获得被动免疫力。

发病时，对病羔要做到及早发现，及早治疗，仔细护理。羔羊出生 12 小时后，可内服土霉素或链霉素 0.15～0.2 克，每日 1 次，连服 3 日，有一定预防效果。对已患痢疾的羔羊可内服土霉素 0.2～0.3 克，加等量的胃蛋白酶，水调灌服 1 日 2 次，连服 2～3 日。有脱水症状时，可用 10% 葡萄糖 200 毫升和 10% 葡萄糖酸钙 5 毫升混合静脉注射，每日 2 次。

6. 牛巴氏杆菌病（牛出败）

牛巴氏杆菌病，又名牛出血性败血症，是牛的一种急性热性传染病，常以高热、肺炎、急性胃肠炎及内脏器官广泛出血为特征。

（1）临床症状。潜伏期 2～5 天。病状可分为败血型、浮肿型和肺炎型。

①败血型。病初发高烧，可达 41～42℃，随之出现全身症状，精神沉郁，低头拱背，不注意周围事物，被毛粗乱无光，脉搏加快，肌肉震抖，皮温不整，鼻镜干燥，结膜潮红，有咳嗽声和呻吟声，食欲减退或废绝，泌乳、反刍停止。随病程延长，患牛表现腹痛，开始下痢，粪便初为粥状，后呈液状，其中混有黏液、黏膜片及血液，具有恶臭，有的鼻孔内和尿中有血。拉稀开始后，体温随之下降，迅速死亡。病期多为 1～2 天。

②浮肿型。除呈现全身症状外，在颈部、咽喉部及胸前的结缔组织，出现迅速扩展的炎性水肿；手指按压肿胀部初热、痛而硬，后变凉，疼痛减轻；同时伴发舌及周围组织的高度肿胀，舌伸出齿外，呈暗红色；患畜呼吸高度困难，流泪、流涎、磨牙，并出现急性结膜炎，皮肤和黏膜普遍发绀，也有下痢或某一肢体发生肿胀者，往往因窒息而死亡，病期多为 1～2 天。

③肺炎型。主要呈纤维素性胸膜肺炎症状。病牛呼吸困难，有痛苦干咳，流泡沫样鼻汁，后呈脓性。胸部叩诊有痛觉，有实音区；听诊有支气管呼吸音及水泡性杂音，有时可听到胸膜摩擦音。病畜便秘，有时下痢，开始粪便呈乳糜粥状，后变为液状，具有恶臭，并混有血液。病期较长的一般可到 3～7 天。浮肿型及肺炎型是在败血型的基础上发展起来的。本病的死亡率可达 80% 以上，个别地区可达 90% 以上。痊愈牛可产生坚强的免疫力。据观察，水牛多呈败血型，黄牛以肺炎型较常见。

（2）病理变化。

①败血型。病畜因败血型死亡的，呈一般败血症变化，内脏器官充血，在黏膜、浆膜及肺、舌、皮下组织和肌肉都有出血点，脾脏无变化和有小点出血，肝脏和肾脏实质变性，淋巴结显著水肿，胸腹腔内有大量渗出液。

②浮肿型。在咽喉部和颈部皮下，有时延及肢体部，皮下有浆液浸润，切开水肿部即流出深红色透明液体，间或杂有血液。咽周围组织和会咽软骨韧带呈黄色胶样浸润，咽淋巴结和前颈淋巴结高度急性肿胀，上呼吸道黏膜卡他性潮红。

③肺炎型。有胸膜炎和格鲁布性肺炎（上部为棕红色肝变并伴有出血，下部为灰褐色肝变并有坏死，小叶间组织水肿变宽）。胸腔中有大量浆液性纤维素性渗出液。肺脏和胸骨有小出血点并有一层纤维薄膜。整个肺有不同肝变期的变化，小叶间淋巴管增大变宽，肺切面呈大理石状。有些病例由于病程发展迅速，在较多的小叶里能同时发生相同阶段的变化；肺泡里有大量的红细胞，使肺病变区呈弥漫性出血综合征。病程进一步发展，可出现坏死灶，呈污灰色或暗褐色，通常无光泽。有时有纤维素性心包炎和腹膜炎，心包与胸膜粘连，内含有干酪样坏死物。胃肠道急性卡他性炎，有时为出血性炎。肾与肝发生实质性变，肝内常有小坏死灶。喉有出血点和胶样浸润，有时蔓延至咽与舌。浆膜与黏膜上有淤点和淤斑。淋巴结肿大呈紫色，充满出血点，尤其以支气管淋巴结和纵隔淋巴结肿胀最明显，脾不肿大。

（3）诊断。根据流行特点，临床症状及病理剖检变化，不难作出诊断。如诊断有困难时，可作细菌学检查。本病由于具有高热、急死和局部肿胀等症状，易与炭疽、气肿疽和恶性水肿相混，应注意区别。炭疽的肿胀除可发生于颈部和胸前部外，还常见于其他部位；濒死时常有天然孔出血，血液呈暗紫色且凝固不良；死后尸僵不全，尸体迅速腐败；剖检脾急性肿大；血液涂片见带夹膜的炭疽杆菌。气肿疽的肿胀主要见于肌肉丰厚的部位，触诊柔软，有明显捻发音，多发于4岁以下的牛。

本病的肺炎型易误认为是牛肺疫（牛肺疫病原为丝状支原体），但牛肺疫病程发展较慢，经过较久（从有明显症状开始，一般经过5~8天死亡），肺脏的大理石样变化特别明显，无全身败血症变化。

（4）预防及治疗。平时注意饲养管理。避免拥挤和受寒，畜舍定期消毒。长途运输时要细心管理牲畜，避免过度劳累。必要时在运输前注射高免血清或菌苗进行预防。发生本病时，应立即将病畜或可疑病畜隔离治疗，对健康牲畜仔细观察，检查体温，必要时用高免血清或菌苗紧急预防接种。畜舍用5%漂白粉、10%石灰乳等消毒。粪便可用生物热消毒。病牛初期应用高免血清或磺胺类药物治疗，效果良好，将两种药物同时使用效果更佳。重症牛可同时注射青霉素、链霉素或土霉素。此外，在治疗过程中必须加强护理，并结合必要的对症疗法。

（四）普通疾病的防治

1. 羊螨病

羊螨病又称疥癣，俗话"癞"，是一种慢性皮肤寄生虫病。可引起多种家畜之间相互传染。

（1）病原。病原为疥螨和痒螨。

（2）诊断。剧痒是本病全过程中的主要症状。病情越重，痒觉越剧烈。环境温度增高，螨虫活动增强，痒觉更加剧烈。随着病程的发展，患羊皮肤呈现炎症损伤，结节和炎疱，结痂，脱毛和皮肤肥厚。

（3）防治。加强羊舍卫生，经常清扫，定期消毒。应用螨净、溴氰菊酯对羊只进行药浴或淋浴和外洗，隔 7～10 天再重复 1 次。发现患羊及时隔离治疗。应用伊维菌素，按 200～300 微克/千克剂量皮下注射，可有满意的疗效。对患部可用 2% 敌百虫水溶液或 1% 敌百虫软膏涂拭。

2. 羊口疮

病羊初期口角出现红斑，很快蔓延，口腔、嘴唇、鼻孔和齿龈肿胀，出现水泡、脓泡和溃烂，口中流出混浊发臭的唾液，疼痛难忍，不能采食，最后因饥饿死亡。

防治。改善饲养管理，消除造成原发性口炎的病因。原发性口炎可用 0.1% 高锰酸钾、0.1% 雷夫奴耳、2%～3% 食盐水等进行冲洗消毒，洗涤局部涂碘甘油、龙胆紫等。对因传染病造成的继发的口炎应加强隔离消毒，并配合应用上述药物疗法。

3. 食道阻塞

本病是因饲料或异物阻塞于食管，引起以下咽障碍为特征的疾病。

（1）病因。主要由于羊饥饿，吞食了甘薯、萝卜、洋芋等块根（茎）饲料所造成，也常见于食道麻痹、狭窄和扩张。

（2）临床症状。病羊突然停止采食，流涎，频繁出现吞咽动作，头颈伸直，骚动不安。病畜迅速出现瘤胃臌气，此时需采取紧急措施予以解除。

（3）防治措施。

①胃管探送法。将胃管送入食道阻塞物前方后，先灌服 0.5% 普鲁卡因 10～20 毫升，石蜡油 30～40 毫升，然后逐渐向下推送胃管，将阻塞物送入瘤胃。此时，瘤胃臌气症状会迅速消失。

②砸碎法。当阻塞物易碎，表面圆滑且阻塞于颈部食道时，

可在阻塞物两侧垫上布鞋底将一侧固定，在另一侧用木棰砸，使其破碎，咽入瘤胃。

预防本病的措施主要是定时饲喂，并防止羊偷食未加工的块根饲料。

4. 前胃弛缓

本病是由前胃的兴奋性和蠕动机能降低，收缩力减弱所引起的消化障碍。临床上以食欲和反刍减少或停止，瘤胃蠕动减少或消失等为特征。

（1）病因。原发性前胃弛缓多见于因饲养管理不良，草料品质低劣，突然更换饲喂方法以及供给精料过多等引发，继发性前胃弛缓多见于瘤胃积食、瘤胃臌气、消化不良以及感染某些传染病、寄生虫病等引发。

（2）临床症状。食欲和反刍减少或停止，瘤胃和瓣胃蠕动声音减弱，次数减少，持续时间缩短，此时病畜可见瘤胃臌气。一般病例伴有胃肠类，肠蠕动显著增加，腹泻与便秘交替发生。若为继发性前胃弛缓，常伴有原发病的特征。临床治疗时应做鉴别诊断。

（3）防治措施。治疗本病的原则为消除病因，改善饲养管理。若属过食引起，可采用饥饿疗法或禁食3～4次，然后供给易消化的饲料等。

（4）药物疗法。若瘤胃触诊内容物较多，可先投服泻药如菜籽油（或石蜡油）100～200毫升，陈皮酊30～40毫升，人工盐30～40克，一次灌服。另外，可选用下列药物进行治疗。

①10%氯化钠30毫升，10%氯化钙15毫升，10%安纳加5毫升，混合一次静脉注射。

②酵母粉40克，酒精10毫升，陈皮酊10毫升，混合加水适量，一次灌服。

③若属继发性因素引起，在对前胃弛缓进行治疗的同时，必须对原发病进行治疗。

5. 瘤胃积食

本病是牛羊的瘤胃中积了大量的饲草料，导致瘤胃体积增大，并引起蠕动力和收缩力减弱，消化不良的疾病。

（1）病因。突然采食大量的饲草料是患病的重要原因，如采食了喜欢吃的苜蓿、粮食、豆饼、豆科牧草均可引起本病。此外，前胃弛缓、创伤性网胃炎、瓣胃阻塞、真胃炎、真胃阻塞等疾病也可引发本病。

（2）临床症状。病畜采食，反刍停止，左侧腹围大，触诊瘤胃上、中部均有坚实感，瘤胃蠕动力初期增强，后期减弱或消失。因过食谷物引起的瘤胃积食可发生酸中毒和胃炎，此时病羊精神极度沉郁，喜卧，瘤胃松软积液，有的表现为视觉扰乱，盲目运动。

（3）防治措施。治疗本病的原则是消积导滞，止酵防腐，纠正瘤胃酸中毒。可选用下列药物。

①硫酸镁50克，陈皮酊30毫升，石蜡油100~150毫升，加水适量，一次灌服。

②选用毛果芸香碱或新斯的明等拟胆碱药。

③解除瘤胃酸中毒，可静脉注射5%碳酸氢钠100毫升。

6. 瘤胃鼓气病

牛羊食入过量发酵青草、豆科植物和精饲料等易发此病，多发于夏秋两季。

（1）临床症状。病畜腹部急性膨大，左侧大于右侧，拍打呈鼓音。停止反刍，呼吸困难，心跳快而弱。眼黏膜先变红后变紫，口吐白沫，很快窒息死亡。

（2）防治措施。合理搭配日粮，防止牛羊偷食精料，给足饮水，逐渐变换草料。轻症者，可用一根棍涂上松节油，横放在牛羊的口中驱赶牛羊爬山运动，或使牛羊前高后低站立，按摩左腋部，以帮助排气体。可用苏打水灌服一次。病势严重并有窒息死亡危险时，可用 16 号针头穿刺瘤胃，缓慢放气，放完气后注入樟脑油 5~8 毫升，穿刺口用 5% 碘酒消毒。

7. 绵羊焦虫病

本病是吓氏泰勒焦虫所引起，虫体寄生于红血球和淋巴系统中。本虫在淋巴细胞中进行无性繁殖，有单一个体变为多核的石榴体。其后每一核再发育成一个新个体，并进入另一新的淋巴细胞。蜱为本病的传播媒介，蜱的幼虫或若虫吸血后，配子体即进入其体内，随幼虫或若虫蜕化，配子体也经过有性繁殖产生子孢子，并进入其唾液腺，当蜱再吸牛羊血时传染给牛羊个体。

（1）诊断要点。本病有季节性，3 月下旬开始发病，6 月结束；秋季 9 月开始，11 月结束。主要危害两岁以内的牛羊。体温升高（40~41℃以上），体表淋巴结肿大，黏膜苍白或黄染、水肿，结膜有淡红色黏性分泌物是本病特征病状。精神沉郁，食欲废绝，心跳加快，呼吸迫促，急性消瘦，泌乳停止，先便秘后下痢。剖检淋巴结肿大，脾肝肿大，肺水肿，皱胃和大肠有特殊的溃疡。血液涂片或淋巴结和脾的涂片染色镜检可发现虫体。

（2）治疗。贝尼尔 5 毫克/千克，用注射用水配成 2% 溶液深部肌肉注射，每日 1 次，连用 3 日。

8. 腐蹄病

腐蹄病指间隙皮肤和邻近软组织的急性和慢性坏死性感染。此病在出现跛行的蹄病中占 40%~60%，以后蹄多发，成年牛羊发病率最高，雨季最为流行。

（1）病因。坏死杆菌是该病的病原，此外还有链球菌、化脓性棒状杆菌和结节状梭菌。饲养管理不当，如日粮中的钙、磷缺乏和比例不当；运动场泥泞、潮湿，蹄长期浸泡于污秽的泥坑、粪尿之中；石子、铁片等异物引起蹄的外伤等都可导致细菌感染。

（2）临床症状。病初奶牛常常表现在喂料时不想吃东西，喜卧地，站立时间短。这是常见的一种现象，站立时患蹄不愿完全着地，走路跛行，有痛感。急性症状可见频频提举病肢，患蹄刨地、踢腹、跛行、喜卧，体温升高达 $40 \sim 41℃$，蹄部检查可见趾皮肤间红肿和敏感，负重直立或下沉，蹄部呈红色、微蓝色，温热。前蹄发病，患肢向前伸出。多数病例呈慢性症状，病程长，随着蹄部较深组织的感染而形成化脓灶，有的形成窦道。坏死组织与健康组织界限明显。严重病例可侵及腱、趾韧带、踝关节或蹄关节，后者可形成腐败性关节炎，从而使全身症状加重，体温再度上升，严重跛行，疼痛异常，有恶臭的脓性分泌物。

（3）防控方法。该病应加强预防。

①牛棚、运动场应及时清扫，保持牛栏清洁、干燥和防止外伤发生。

②加强饲养，日粮要平衡，充分重视矿物质钙、磷的供应和比例，防止骨质疏松症的发生。

③定期用4%的硫酸铜溶液喷洒牛蹄，及时修蹄，保证蹄部健康。

④急性腐蹄病。应使病牛休息，全身应用抗生素疗法常能获得满意的效果。可静脉注射33%磺胺二甲基嘧啶0.08克/千克体重或肌注青霉素。

⑤慢性腐蹄病。应将病牛从牛群中挑选出来，单独隔离饲养。用磺胺药治疗，需长期保持血药浓度水平。除选药物治疗外，同时还需做局部处理。先将蹄部修理平整，找出腐败化脓

灶，合理扩创，排出渗出液及浓汁，洗净后涂以鱼石脂软膏、松馏油或消炎粉，外加蹄绷带，3~5 天更换 1 次，数次即见效。当炎症侵害到 2 个蹄趾、系关节时，可采用热敷或采取消炎措施，或浸于温热防腐液中，以减轻感染或使其局部组织软化。发生坏死时，可将坏死灶剔除，并用防腐剂。

（五）羔羊、犊牛疾病

1. 新生羔羊、犊牛便秘（胎粪不下）

初乳品质不佳和量不足是引起本病的主要原因（初乳中含较多具轻泻作用的镁盐）。另外，新生羔羊、犊牛先天发育不良、早产、衰弱等引起肠道弛缓也可以引起本病。

（1）主要症状。不排粪，一天后羔羊、犊牛不活泼，表现不安，拱背，努责，回顾腹部，有轻度腹痛症状，以后吃奶停止，经常卧地，肚腹渐渐胀气，心跳加快。用手直肠检查时，可掏出黑色浓稠的胎粪。

（2）治疗。可用温肥皂水用导尿管进行深部灌肠，灌石蜡油加蜂蜜，边灌边深进，结合灌肠和腹部按摩。顽固性病例可用3% 双氧水 50~200 毫升灌服。

2. 羔羊、犊牛消化不良

（1）单纯性消化不良是羔羊、犊牛消化机能紊乱，消化和吸收能力降低，表现食欲下降，精神不振，并发下痢的疾病。

①病因。绝大多数是母畜饲养管理不良，影响了胎儿的生长发育，减弱了胎儿的抵抗力。此外，羔羊、犊牛管理不良，如维生素 A 的缺乏，乳的品质不良，没有吃初乳，乳温度太低，过早停乳，不洁的饲料和饮水以及卫生条件低劣的情况，均可引起本

疾病，受凉感冒更能引发本疾病。

②症状。病初被毛粗乱，四肢无力，喜卧地，犊牛引起肚胀，粪便如粥状或水样稀粪，呈暗黄色或绿色，带酸臭味，逐渐消瘦，失水且眼球下陷，后期精神萎靡不振，心动疾速，脉搏快弱或心跳变慢、脉搏迟细。本病体温正常，但继发性肺炎时，体温升高。初生羔羊受寒腹泻，表现拱背畏寒，喜卧，拉黄绿色稀粪，体温正常或偏低。

③治疗。犊牛拉稀可内服链霉素 0.5～1 克，或链霉素 0.5克、胃蛋白酶 3～5 克混合内服，或大蒜 150 克、炭末（草木灰也可）100 克混合捣成糊状，加 2% 明矾水 200 毫升灌服。新生羔羊腹泻，可内服青霉素、链霉素各 0.5 克，连服 3 天。3 月龄以后的羔羊吃青草腹泻，可用马蔺籽按每千克体重 10～15 克炒黄拌料内喂服，每日 2 次，连续 3～4 天。

（2）中毒性消化不良。

①症状。下痢剧烈，粪便灰色呈水样，有时呈绿色带有黏液和血液，失水且眼球明显下陷，全身虚弱，犊牛、羔羊鼻端及四肢呈厥冷状态。反应迟钝，有的发生痉挛或瘫痪。初期体温正常或稍高，后期则下降。若引起胃肠炎，则体温升高 40℃以上。

②治疗。同治疗单纯性消化不良一样，可内服乳酶生、链霉素，肌注土霉素。

犊牛还可用复方盐水，5% 葡萄糖、2% 碳酸氢钠各 100 毫克，再加低分子右旋糖酐 200 毫升静注。羔羊静注复方盐水可减半。犊牛腹泻常由大肠杆菌病、犊牛副伤寒和犊牛消化不良等所引起。犊牛大肠杆菌病多发生于生后 10 天内的犊牛，有的体温升高（40℃以上），食欲废绝，精神高度沉郁和虚脱。

（六）牛羊的几种典型代谢病的防治方法

1. 消化功能紊乱

牛羊对饲草饲料都有一定的适应性，突然更换草料不仅会打乱牛羊的采食习惯，使牛羊采食量下降，而且会影响牛羊的消化功能，导致其患消化疾病甚至死亡。因为在正常情况下，牛羊瘤胃内的大量微生物形成一个特定的微生态环境，并保持一定的动态平衡，在微生态平衡时，有益微生物会占绝对优势，维持着动物的正常生长和生产。突然改变饲料就会改变瘤胃内环境，尤其是 pH（酸碱度）值的变化，一些优势微生物种群会失去优势，有害微生物则大量繁殖，使微生态失衡，使机体的消化功能紊乱。因此，牛羊饲养中更换草料应逐渐过渡，不可突然改变更换饲料。

2. 公羊为什么发生尿结石

本病的发生主要是由于饲料中的钙、磷比例严重失调，有的地区饮水中钙盐含量高，也会引发钙、磷不平衡。尿结石在舍饲育肥公羊上易发生，精料喂量大，运动量较小。症状发病早期的公羊表现为不排尿，腹痛，频有排尿姿势，起卧不止，踢腹、甩尾、离群、拒食；后期则排尿努责，痛苦咩叫，尿中带血，也可致膀胱破裂。该病发病早期注射利尿剂可缓解，到后期利尿剂也无法排除。可用手术方式处理结石。对易发尿结石的地区，主要的预防措施为：

①均衡育肥料中钙、磷比例。

②精饲料中添加2%氯化铵或1%氯化钾。

③用利尿的中草药。

3. 羊的食毛病

羔羊或成年羊，因营养中缺乏硫元素而食羊毛，在胃肠中形成毛球，引起消化紊乱和胃肠道阻塞的一种代谢病。发生食毛病时，常见的治疗方法为连续饲喂含硫高的蛋氨酸；在饲料中添加1%石膏粉，连喂 7 天。

十、青海省畜禽规模养殖场
认定管理办法（修订稿）

第一章　总则

第一条　为促进青海省畜牧业持续、稳定、健康发展，提高畜禽规模化养殖水平，引导养殖场向标准化、规模化方向发展，根据《中华人民共和国畜牧法》、《中华人民共和国动物防疫法》、《中华人民共和国畜禽规模养殖污染防治条例》、《青海省实施〈中华人民共和国动物防疫法〉办法》，结合本省实际，制定本办法。

第二条　本办法所称畜禽规模养殖场，是指畜禽生产环境符合国家、行业或地方标准，具有一定生产规模，养殖场布局、设施符合相关要求的养殖场。

第三条　本办法适用于本省行政区域内的规模养殖场的认定。

第四条　规模养殖场认定实行分级管理，省级畜牧兽医行政主管部门负责适度规模、较大规模、大规模畜禽养殖场的认定工作。较小规模的养殖场及家庭牧场和养殖大户等由市（州）县畜牧兽医主管部门颁布制定认定管理办法，明确认定规模和条件进行认定。认定结果报省级畜牧兽医行政主管部门备案。

第二章　认定标准

第五条　畜禽规模养殖场应当具备一定的生产规模：

品种	指标	规模（头、只、羽）		
		适度规模	较大规模	大规模
奶牛	年存栏	100～199	200～499	500 以上
生猪	能繁母猪	100～299	300～499	500 以上
	年出栏	500～1499	1 500～4 499	4 500 以上

（续表）

品种	指标	规模（头、只、羽）		
		适度规模	较大规模	大规模
蛋鸡	年存栏	10 000～29 999	30 000～49 999	50 000 以上
肉鸡	年出栏	30 000～49 999	50 000～99 999	100 000 以上
肉牛	能繁母牛	100～299	300～499	500 以上
	年出栏	500～999	1 000～2 999	3 000 以上
肉羊	能繁母羊	200～499	500～999	1 000 以上
	年出栏	1 000～1 999	2 000～4 999	5 000 以上

第六条 畜禽规模养殖场应当符合下列认定条件：

（一）符合本地区畜牧业发展与用地规划要求。选址与设计应当满足《中华人民共和国畜禽规模养殖污染防治条例》《动物防疫法》及农业部《动物防疫条件审核管理办法》规定条件，必须是在当地养殖区或限养殖区。

（二）养殖场总体布局上做到生活区与生产区分离，位于禁养区以外，高燥、开阔、背风向阳地势，通风良好，与主要交通干线、居民区以及其他畜禽养殖区的距离符合动物防疫要求。

（三）养殖场有满足生产需要的畜禽棚舍。畜禽棚舍建筑设计符合本地区气候环境条件，达到防暑、防寒要求，室内空气流通良好，具有畜禽生产、防疫隔离、消毒、粪污处理、饲料加工、病死畜禽无害化处理及饮水、通风、采暖等配套设施。给排水相对方便，净道与污道分开，污水、粪便集中处理，并达到GB 18596 的规定要求。

（四）养殖场须取得《动物防疫条件合格证》，有种畜禽生产经营行为的，还须取得《种畜禽生产经营许可证》。

（五）养殖场饲养管理操作规程科学合理，生产管理制度健全。有免疫、防疫、消毒、用药、检疫申报、疫情报告、无害化处理等制度。有完善的财务管理制度，会计资料完整、准确，财务核算规范、健全。

（六）养殖场人员配备与养殖规模相适应。至少有 1 名具有中专以上学历或经专门机构培训 3 个月以上的管理人员及兽医人员，并取得相应的从业资格和身体《健康合格证》。

（七）养殖场严格按照相关法律、法规规定，建立规范的养殖管理档案，生产经营记录翔实。

养殖档案内容包括：品种及品种的来源、数量、繁殖情况、生产情况、饲料来源及使用情况、发病及诊治情况、防疫情况、无害化处理情况、销售情况等。养殖档案应当保存 2 年以上。

（八）养殖场尽量采取自繁自育、全进全出的生产模式，饲养的品种相对一致。用作种用的种畜禽来自于具有《种畜禽生产经营许可证》的种畜（禽）场。养殖场须达到相对应的养殖规模。

第七条 畜禽规模养殖场认定区域：

以西宁市、海东市所属各县区以及贵德、共和、贵南、同仁、尖扎、门源、乌兰、都兰县和德令哈、格尔木市。适当兼顾牧区小块农业区。

第八条 畜禽规模养殖场认定品种：

以从事牛奶、肉牛、绵羊、生猪、肉鸡、蛋鸡和獭兔饲养的单一畜禽品种的养殖场为主，饲养其他畜种以及牛羊等混养的养殖场不在认定范围。

第三章　认定程序

第九条 凡符合认定标准的畜禽养殖场可以向所在地县级人民政府畜牧兽医行政主管部门提出申请。

申请者应当提供如下材料：

（1）《青海省畜禽规模养殖场建设认定申请表》一式三份；

（2）法人资格证明；

（3）工商营业执照；

（4）土地使用权属证明；

（5）环境影响评价报告；

（6）养殖场平面布局图及照片；

（7）动物防疫条件合格证；

（8）《种畜禽生产经营许可证》（从事种畜生产的）；

（9）从业人员资格证明；

（10）各项管理制度及操作规程；

（11）其他证明材料。

第十条 县级人民政府畜牧兽医行政主管部门受理申请后，应当组织人员对申请的畜禽养殖场进行初审，初审合格的，提交省畜牧兽医行政主管部门。省畜牧兽医行政主管部门组织专家，采取现场勘察、资料审查等方式进行评审，并填写《青海省规模养殖场认定评审表》。评审分数达到 85 分以上的认定为畜禽规模养殖场。

对评审认定的畜禽规模养殖场，由省畜牧兽医行政主管部门备案、挂牌并公布。

畜禽规模养殖场的认定有效期为三年。到期后如继续申请，应当重新认定。

第十一条 已通过认定的畜禽规模养殖场需要进行名称等相关事项变更的，应当出具工商行政管理部门的营业执照等变更材料，报省畜牧兽医行政主管部门予以确认。

第四章 监督管理

第十二条 省畜牧兽医行政主管部门对畜禽规模养殖场实行动态监测、定期评估认定制度。对监测不合格的限期整改，经整改仍不合格的，取消畜禽规模养殖场资格。

县级以上畜牧兽医行政主管部门应当对本行政区域内畜禽规模养殖场进行动态监测，并负责建立畜禽规模养殖场生产情况统计台账，每季度需上报生产经营情况，每年对畜禽规模养殖场的养殖规模、运行及效益发挥情况进行年检。

第十三条 凡取得认定资格的畜禽规模养殖场，纳入省级畜禽规模养殖场建设规划，作为省级畜禽规模养殖建设项目重点给予相关扶持。未取得资格认定的畜禽规模养殖场，不再安排相关项目建设。

第十四条　本办法由青海省农牧厅负责解释。

第十五条　本办法自印发之日起施行。

附件　牛羊养殖场设计平面图

附件1　羊标准化养殖场（小区）平面布局图

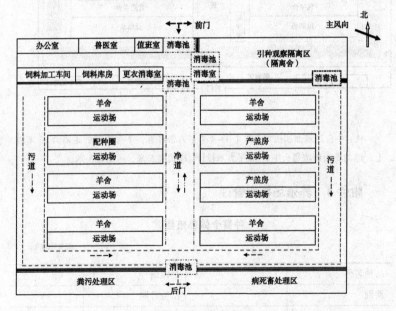

种羊场平面布局图

注：1. 种公羊每只占 2.0～2.5 平方米，母羊 1～2 平方米，育成羊 0.6～1 平方米；运动场面积为羊舍的 1.5～3 倍。2. 生活区处于上风向且与生产区间隔 100 米以上；生产区与粪污处理、病死畜隔离处理区（下风向）间隔 200 米以上。3. 净道宽 5m，污道宽 3m。4. 前排羊舍运动场与后排羊舍间通道为 2m。

附件 2 肉牛标准化养殖场（小区）平面布局图

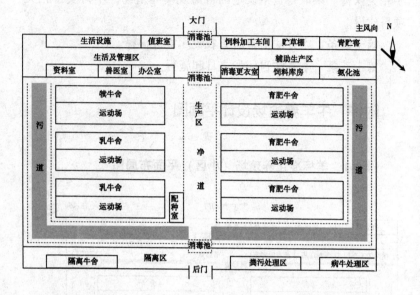

注：牛舍建筑面积按每头牛 4.3～4.7 平方米计算，牛舍之间的距离为 10 米以上；运动场面积按每头牛 6～8 平方米设计。净道宽 5 米，污道宽 3 米。

附件 3 养殖场档案管理

种畜个体养殖档案

标识编码：

品种名称		个体编号	
性别		出生日期	
母号		父号	
种畜场名称			
地址			
负责人		联系电话	
种畜禽生产经营许可证编号			

（续表）

品种名称		个体编号	
种畜调运记录			
调运日期	调出地（场）		调入地（场）

种畜调出单位（公章）　　　　　　经办人　　　　　年　　月　　日

中华人民共和国农业部监制

附件4　养殖场粪污处理

当前我国畜禽养殖还在发生深刻变化，大量分散养殖户正加速退出，规模化养殖发展迅猛。养殖方式发生的变化，也给畜牧业发展带来新的问题和挑战。其中规模养殖场的粪污处理已经引起社会公众、主管部门和养殖企业的高度关注和重视。

各地围绕"粪污处理无害化"的要求，在示范场推广应用了一批粪污处理技术，取得了较好的效果。但各地情况不同，畜禽粪污特点各异，有效处理与综合利用的难度比较大，在处理技术的过程中，也存在着技术路线不正确，技术要领不准确，技术措施不到位的问题。因此，总结不同畜禽规模养殖场成功的粪污处理技术，向更多的养殖场进行推广普及是当前推进标准化规模养殖，实现粪污处理无害化的必然要求。

畜禽粪污始终是农业生产的重要肥料资源。只是近年来随着规模养殖水平不断提高，人才资源成本不断上升，农业生产机械化程度不断加强，才打破了这种规律和平衡，其结果是一方面土壤有机质水平不断下降，农业资源污染不断加重，另一方面畜禽养殖成为农村的主要污染源之一。畜禽粪污因为集中才成为问题，因为量大才难处理。总体上讲，粪污是放错了地方的资源。因此，坚持用循环经济的理念，推进农牧业结合，将畜禽粪污进行资源化利用，是今后规模化养殖中必须要坚持进行的重要环节，是必须要做的工作。只有做好这方面的处理，才能促进规模养殖上的健康稳定发展。

当前，我省规模牛场的舍内多为水泥及其他硬化地面，为使干粪与尿液及污水分离，通常在牛舍一侧或两侧设有排尿沟，且牛舍的地面稍向排尿沟倾斜。因此粪便通过人工清粪或半机械清粪、刮粪板清粪等方式清出舍外，运至堆粪场；尿液和污水经排尿沟进入污水贮存池。部分牛场使用水冲或软床等方式清粪。目前，规模牛场的清粪方式主要有人工清粪、半机械清粪、刮粪板清粪、水冲清粪和"软床饲养"几种。

牛场粪污贮存技术。粪污贮存方式因粪便的含水量而异。固态和半固态粪便可直接运至堆粪场，液态和半液态粪便一般要先在贮粪池中沉淀，进行固液分离后，固态部分送至堆粪场，液态部分送至污水池或沼气池进行处理。贮存设施应远离各类功能地表水体，距离不小于 2 000 米，贮存设施应采取有效防渗处理，防止污染地下水，建造顶盖防止雨水进入。

牛粪沼气生物制能技术。沼气发酵是牛粪污最常用的处理技术之一。由于牛粪污有机质浓度和难降解的纤维素含量高，作为原料进行沼气发酵时，普遍存在调试启动慢，运行不稳定，易出现酸化，不产气和产气率低等问题，这在一定程度上制约了沼气发酵在牛粪处理中的应用。但只要严格修好沼气池，选择好接种物——沼气微生物，牛粪和其他发酵原料如作物秸秆、青饲料搭配使用，同样能利用牛粪发酵沼气。

牛粪的无害化处理。牛粪含有机质 14.5%，氮 0.30% ~ 0.45%，磷 0.15% ~ 0.25%，钾 0.10% ~ 0.15%，是一种在种植

业能用作土壤肥料来源的有价值资源。牛粪的有机质和养分含量在各种家畜中最低，质地细密，含水较多，分解慢，发热量低，属迟效性肥料。

常用的牛粪无害化处理技术首先是堆肥化技术。

堆肥化技术是牛粪无害化处理和资源化利用的主要途径。也是目前最简单的处理技术。

堆肥基本原理。堆肥是在人工控制水分、碳氮比（C/N）和通风条件下，通过微生物作用，对固体粪便中的有机物进行降解，使之矿质化、腐殖化和无害化的过程。堆肥过程中的高温不仅可以杀灭粪便中的各种病原微生物和杂草种子，使粪便达到无害化，还能生成可被植物吸收利用的有效养分，具有土壤改良和调节作用。堆肥处理具有运行费用低、处理量大、无二次污染等优点而被广泛使用。堆肥分好氧和厌氧堆肥。好氧堆肥是依靠专性和兼性好氧微生物的作用，使有机物降解的生化过程，好氧堆肥分解速度快、周期短、异味少、有机分解充分。厌氧堆肥是依靠专性和兼性厌氧微生物的作用，使有机物降解的过程，厌氧堆肥分解速度慢、发酵周期长，且堆制过程中易产生臭气。目前，主要采用好氧堆肥生产有机肥料。

其他牛粪处理技术。利用牛粪可养殖蚯蚓。蚯蚓俗名"蛐蟮"，中药材名"地龙"，喜食各种有机废弃物、麦秆、野草和畜禽粪便都可以作为其饲料。蚯蚓的抗病力和繁殖力都很强，容易饲养。牛粪加入生物发酵剂，使其发酵除去氨味并疏松透气。用心养殖蚯蚓，每 1 000 千克牛粪可年产蚯蚓 800 千克。一般每 6 千克鲜蚯蚓可加工成 1 千克干蚯蚓粉，干蚯蚓粉粗蛋白含量达 70%，在饲料中添加蚯蚓粉，畜禽生长速度可提高 30% 左右，尤其对水产动物是极好的蛋白质饲料来源。

羊粪处理技术。羊粪尿排泄在羊舍和运动场中，由于羊粪在层层铺垫过程中经过了发酵过程，并且含水量也较低，定期清理，清理出的羊粪为羊板粪。羊板粪可直接还田或售出。

直接施用。用于农作物、人工种植牧草、大棚蔬菜、花卉、药用植物（如枸杞）等的种植。被专业公司收购，经粉碎后，生产粉状有机肥出售。经过进一步加工，生产颗粒有机肥。

十一、牛羊调入调出的检疫监管须知

（1）跨省引进牛羊的单位、个人，应提前 10 个工作日向输入地动物卫生监督所申报，动物卫生监督所接到申报后，于 3 个工作日内进行审查，经审查合格的，签发《跨省引进屠宰饲养动物申报备案表》。经同意备案后，方可开始调运等经营活动。不合格的，应书面通知申请人，并说明理由。

（2）跨省引进动物的单位或个人应当按规定在动物运输到达目的地 24 小时内向输入地动物卫生监督所报告。输入地动物卫生监督所在接到报告后及时派员到达现场，查验检疫证明、检疫审批或者申报备案手续等相关材料。

（3）饲养的牛羊调出或出售时，提前 3 天向辖区畜牧站报检点申报检疫，检疫员受理后填写报检记录，核查辖区疫情，确定非疫区后，检疫员到场到户检疫，检疫合格的出具《检疫合格证明》方可调出或出售。未经检疫的牛羊禁止出场，检疫不合格的牛羊实行隔离观察。运输牛羊的车辆装载前和卸载后应清洗消毒。

十二、兽药的使用管理

兽药是养殖业生产中必不可少的重要的生产资料，兽药能降低动物死亡率，缩短动物饲养周期，促进动物性产品产量的增长和动物集约化养殖的发展。但如果使用不当或非法使用药物，过量的药物就会残留到动物体内，当人食用了兽药残留超标的动物性食品后，会在体内蓄积，产生过敏、畸形、诱发癌症等不良后果，直接危害人体的健康甚至生命。为保证动物源性食品安全，维护人民身体健康，针对动物源性食品生产现状及存在的问题，我国政府出台了相关的法律法规和技术标准。包括《兽药管理条例》《饲料和饲料添加剂管理条例》《禁止在饲料和动物饮水中使用的药物品种目录》（中华人民共和国农业部公告第 176 号）《食品动物禁用的兽药及其他化合物清单》（中华人民共和国农业部公告第 193 号）《禁止在饲料和动物饮水中使用的物质》（中华人民共和国农业部公告第 1519 号）。特别是在动物饲养环节，要求养殖场和使用者在兽药使用方面必须建立完善的兽药使用记录和兽医处方管理制度，严格遵循兽药使用的休药期规定。禁止使用未取得产品批准文号的兽药。禁止在饲料及饲料产品中添加未经农业部批准的药物饲料添加剂以及兽药产品。禁止使用国家明令禁止将人药用于动物。禁止畜牧业生产者直接使用原料药。禁止为了减低动物死亡率，促进动物生长，提高动物的生产性能，提高转化率，改善动物产品品质（如提高瘦肉率和增加肉质风味），延长货架期等，在动物日粮中、饮水或产品中添加各种非法禁用的抗菌剂、兴奋剂、催眠剂、生长剂、镇静剂、激素、抗生素、防腐剂。

（一）禁止在饲料和动物饮用水中使用的药物品种目录（农业部公告第176号）

1. 肾上腺素受体激动剂

①盐酸克仑特罗（Clenbuterol Hydrochloride）。中华人民共和国药典（以下简称药典）2000年二部 P605。β2 肾上腺素受体激动药。

②沙丁胺醇（Salbutamol）。药典 2000年二部 P316。β2 肾上腺素受体激动药。

③硫酸沙丁胺醇（Salbutamol Sulfate）。药典 2000 年二部 P870。β2 肾上腺素受体激动药。

④莱克多巴胺（Ractopamine）。一种 β 兴奋剂，美国食品和药物管理局（FDA）已批准，中国未批准。

⑤盐酸多巴胺（Dopamine Hydrochloride）。药典 2000 年二部 P591。多巴胺受体激动药。

⑥西马特罗（Cimaterol）。美国氰胺公司开发的产品，一种 β 兴奋剂，FDA 未批准。

⑦硫酸特布他林（Terbutaline Sulfate）。药典 2000 年二部 P890。β2 肾上腺受体激动药。

2. 性激素

⑧己烯雌酚（Diethylstibestrol）。药典 2000 年二部 P42。雌激素类药。

⑨雌二醇（Estradiol）。药典 2000 年二部 P1005。雌激素类药。

⑩戊酸雌二醇（Estradiol Valerate）。药典 2000 年二部 P124。

雌激素类药。

⑪苯甲酸雌二醇（Estradiol Benzoate）。药典 2000 年二部 P369。雌激素类药。中华人民共和国兽药典（以下简称兽药典）2000 年版一部 P109。雌激素类药。用于发情不明显动物的催情及胎衣滞留、死胎的排除。

⑫氯烯雌醚（Chlorotrianisene）药典 2000 年二部 P919。

⑬炔诺醇（Ethinylestradiol）药典 2000 年二部 P422。

⑭炔诺醚（Quinestrol）药典 2000 年二部 P424。

⑮醋酸氯地孕酮（Chlormadinone acetate）药典 2000 年二部 P1037。

⑯左炔诺孕酮（Levonorgestrel）药典 2000 年二部 P107。

⑰炔诺酮（Norethisterone）药典 2000 年二部 P420。

⑱绒毛膜促性腺激素（绒促性素）（Chorionic Gonadotrophin）。药典 2000 年二部 P534。促性腺激素药。兽药典 2000 年版一部 P146。激素类药。用于性功能障碍、习惯性流产及卵巢囊肿等。

⑲促卵泡生长激素（尿促性素主要含卵泡刺激 FSHT 和黄体生成素 LH）（Menotropins）。药典 2000 年二部 P321。促性腺激素类药。

3. 蛋白同化激素

⑳碘化酪蛋白（Iodinated Casein）。蛋白同化激素类，为甲状腺素的前驱物质，具有类似甲状腺素的生理作用。

㉑苯丙酸诺龙及苯丙酸诺龙注射液（Nandrolone phenylpro pionate）药典 2000 年二部 P365。

4. 精神药品

㉒（盐酸）氯丙嗪（Chlorpromazine Hydrochloride）。药典

2000 年二部 P676。抗精神病药。兽药典 2000 年版一部 P177。镇静药。用于强化麻醉以及使动物安静等。

㉓盐酸异丙嗪（Promethazine Hydrochloride）。药典 2000 年二部 P602。抗组胺药。兽药典 2000 年版一部 P164。抗组胺药。用于变态反应性疾病，如荨麻疹、血清病等。

㉔安定（地西泮）（Diazepam）。药典 2000 年二部 P214。抗焦虑药、抗惊厥药。兽药典 2000 年版一部 P61。镇静药、抗惊厥药。

㉕苯巴比妥（Phenobarbital）。药典 2000 年二部 P362。镇静催眠药、抗惊厥药。兽药典 2000 年版一部 P103。巴比妥类药。缓解脑炎、破伤风、士的宁中毒所致的惊厥。

㉖苯巴比妥钠（Phenobarbital Sodium）。兽药典 2000 年版一部 P105。巴比妥类药。缓解脑炎、破伤风、士的宁中毒所致的惊厥。

㉗巴比妥（Barbital）。兽药典 2000 年版一部 P27。中枢抑制和增强解热镇痛。

㉘异戊巴比妥（Amobarbital）。药典 2000 年二部 P252。催眠药、抗惊厥药。

㉙异戊巴比妥钠（Amobarbital Sodium）。兽药典 2000 年版一部 P82。巴比妥类药。用于小动物的镇静、抗惊厥和麻醉。

㉚利血平（Reserpine）。药典 2000 年二部 P304。抗高血压药。

㉛艾司唑仑（Estazolam）。

㉜甲丙氨脂（Meprobamate）。

㉝咪达唑仑（Midazolam）。

㉞硝西泮（Nitrazepam）。

㉟奥沙西泮（Oxazepam）。

㊱匹莫林（Pemoline）。

㊲三唑仑（Triazolam）。

㊳唑吡旦（Zolpidem）。

㊴其他国家管制的精神药品。

5. 各种抗生素滤渣

㊵抗生素滤渣：该类物质是抗生素类产品生产过程中产生的工业三废，因含有微量抗生素成分，在饲料和饲养过程中使用后对动物有一定的促生长作用。但对养殖业的危害很大，一是容易引起耐药性，二是由于未做安全性试验，存在各种安全隐患。

（二）禁止在饲料和动物饮水中使用的物质（农业部公告第1519号）

①苯乙醇胺A（Phenylethanolamine A）：β - 肾上腺素受体激动剂。

②班布特罗（Bambuterol）：β - 肾上腺素受体激动剂。

③盐酸齐帕特罗（Zilpaterol Hydrochloride）：β - 肾上腺素受体激动剂。

④盐酸氯丙那林（Clorprenaline Hydrochloride）：药典2010版二部P783。β - 肾上腺素受体激动剂。

⑤马布特罗（Mabuterol）：β - 肾上腺素受体激动剂。

⑥西布特罗（Cimbuterol）：β - 肾上腺素受体激动剂。

⑦溴布特罗（Brombuterol）：β - 肾上腺素受体激动剂。

⑧酒石酸阿福特罗（Arformoterol Tartrate）：长效型β - 肾上腺素受体激动剂。

⑨富马酸福莫特罗（Formoterol Fumatrate）：长效型β - 肾上腺素受体激动剂。

⑩盐酸可乐定（Clonidine Hydrochloride）：药典2010版二部

P645。抗高血压药。

⑪盐酸赛庚啶（Cyproheptadine Hydrochloride）：药典 2010 版二部 P803。抗组胺药。

（三）食品动物禁用的兽药及其他化合物清单（农业部公告第 139 号）

序号	兽药及其他化合物名称	禁止用途	禁用动物
1	β-兴奋剂类：克仑特罗 Clenbuterol、沙丁胺醇 Salbutamol、西马特罗 Cimaterol 及其盐、酯及制剂	所有用途	所有食品动物
2	性激素类：己烯雌酚 Diethylstilbestrol 及其盐、酯及制剂	所有用途	所有食品动物
3	具有雌激素样作用的物质：玉米赤霉醇 Zeranol、去甲雄三烯醇酮 Trenbolone、醋酸甲孕酮 Mengestrol, Acetate 及制剂	所有用途	所有食品动物
4	氯霉素 Chloramphenicol 及其盐、酯（包括：琥珀氯霉素 Chloramphenicol Succinate）及制剂	所有用途	所有食品动物
5	氨苯砜 Dapsone 及制剂	所有用途	所有食品动物
6	硝基呋喃类：呋喃唑酮 Furazolidone、呋喃它酮 Furaltadone、呋喃苯烯酸钠 Nifurstyrenate sodium 及制剂	所有用途	所有食品动物
7	硝基化合物：硝基酚钠 Sodium nitrophenolate、硝呋烯腙 Nitrovin 及制剂	所有用途	所有食品动物
8	催眠、镇静类：安眠酮 Methaqualone 及制剂	所有用途	所有食品动物
9	林丹（丙体六六六）Lindane	杀虫剂	水生食品动物
10	毒杀芬（氯化烯）Camahechlor	杀虫剂、清塘剂	水生食品动物
11	呋喃丹（克百威）Carbofuran	杀虫剂	水生食品动物
12	杀虫脒（克死螨）Chlordimeform	杀虫剂	水生食品动物
13	双甲脒 Amitraz	杀虫剂	水生食品动物
14	酒石酸锑钾 Antimonypotassiumtartrate	杀虫剂	水生食品动物
15	锥虫胂胺 Tryparsamide	杀虫剂	水生食品动物

（续表）

序号	兽药及其他化合物名称	禁止用途	禁用动物
16	孔雀石绿 Malachitegreen	抗菌、杀虫剂	水生食品动物
17	五氯酚酸钠 Pentachlorophenolsodium	杀螺剂	水生食品动物
18	各种汞制剂包括：氯化亚汞（甘汞）Calomel、硝酸亚汞 Mercurous nitrate、醋酸汞 Mercurous acetate、吡啶基醋酸汞 Pyridyl mercurous acetate	杀虫剂	动物
19	性激素类：甲基睾丸酮 Methyltestosterone、丙酸睾酮 Testosterone Propionate、苯丙酸诺龙 Nandrolone Phenylpropionate、苯甲酸雌二醇 Estradiol Benzoate 及其盐、酯及制剂	促生长	所有食品动物
20	催眠、镇静类：氯丙嗪 Chlorpromazine、地西泮（安定）Diazepam 及其盐、酯及制剂	促生长	所有食品动物
21	硝基咪唑类：甲硝唑 Metronidazole、地美硝唑 Dimetronidazole 及其盐、酯及制剂	促生长	所有食品动物

注：食品动物是指各种供人食用或其产品供人食用的动物

十三、相关资料

(一) 中国饲料成分及营养价值表 (表13-1至表13-4)

表13-1 饲料常见成分表

饲料名称	干物质 DM (%)	粗蛋白 CP (%)	粗脂肪 EE (%)	粗纤维 CF (%)	无氮浸出物 (%)	粗灰分 ASH (%)	中性洗涤纤维 NDF (%)	酸性洗涤纤维 ADF (%)	钙 Ca (%)	总磷 P (%)	有效磷 AP (%)	淀粉 (%)
玉米 (成分1级)	86.0	8.7	3.6	1.6	70.7	1.4	9.3	2.7	0.02	0.27	0.11	65.4
小麦 (成分2级)	88.0	13.4	1.7	1.9	69.1	1.9	13.3	3.9	0.17	0.41	0.13	54.6
青稞	87.0	13.0	2.1	2.0	67.7	2.2	10.0	2.2	0.04	0.39	0.13	50.2
次粉	87.0	13.6	2.1	2.8	66.7	1.8	31.9	10.5	0.08	0.48	0.15	36.7
小麦麸	87.0	14.3	4.0	6.8	57.1	4.8	41.3	11.9	0.1	0.93	0.28	19.8
大豆粕	89.0	44.2	1.9	5.9	28.3	6.1	13.6	9.6	0.33	0.62	0.21	3.5
棉籽粕	90.0	43.5	0.5	10.5	28.9	6.6	28.4	19.4	0.28	1.04	0.36	1.8
菜籽粕	88.0	38.6	1.4	11.8	28.9	7.3	20.7	16.8	0.65	1.02	0.35	6.1
亚麻饼	88.0	32.2	7.8	7.8	34.0	6.2	29.7	27.1	0.39	0.88		11.4
鱼粉	90.0	53.5	10.0	0.8	4.9	20.8			5.88	3.2	3.2	

（续表）

饲料名称	干物质DM（%）	粗蛋白CP（%）	粗脂肪EE（%）	粗纤维CF（%）	无氮浸出物（%）	粗灰分ASH（%）	中性洗涤纤维NDF（%）	酸性洗涤纤维ADF（%）	钙Ca（%）	总磷P（%）	有效磷AP（%）	淀粉（%）
血粉	88.0	82.8	0.4		1.6	3.2			0.29	0.31	0.31	
肉骨粉	93.0	50.0	8.5	2.8		31.7	32.5	5.6	9.2	4.7	4.7	
啤酒糟	88.0	24.3	5.3	13.4	40.8	4.2	39.4	24.6	0.32	0.42	0.14	
啤酒酵母	91.7	52.4	0.4	0.6	33.6	4.7	6.1	1.8	0.16	1.02	0.46	11.5
乳清粉	94.0	12.0	0.7		71.6	9.7			0.87	0.79	0.79	1.0
菜籽油	99.0		98		0.5	0.5			0.03			
DDGS	90.0	28.3	13.7	7.1	36.8	4.1	38.7	15.3		0.73	0.42	

表 13 - 2　能量和蛋白饲料价值

饲料名称	粗蛋白CP（%）	猪消化能MT/千克	鸡代谢能MT/千克	肉牛增重净能MT/千克	奶牛产奶净能MT/千克	羊消化能MT/千克	赖氨酸（%）	蛋氨酸（%）	苏氨酸（%）	色氨酸（%）
玉米（成分1级）	8.7	14.27	13.56	9.25	7.7	14.27	0.24	0.18	0.30	0.07
小麦（成分2级）	13.4	14.18	12.72	6.46	7.32	14.23	0.35	0.21	0.38	0.15
青稞	13.0	13.56	11.21	5.99	7.03	13.43	0.44	0.14	0.43	0.16
次粉	13.6	13.43	12.51	7.87	8.16	13.6	0.52	0.16	0.50	0.18
小麦麸	14.3	9.33	5.65	4.5	6.08	12.1	0.56	0.22	0.45	0.18
大豆粕	44.2	14.26	10.0	6.2	7.45	14.27	2.68	0.59	1.71	0.57
棉籽粕	43.5	9.68	8.49	4.69	6.44	12.47	1.97	0.58	1.25	0.51
菜籽粕	38.6	10.59	7.41	3.98	5.82	12.05	1.3	0.63	1.49	0.43
亚麻饼	32.2	12.13	9.79	5.23	6.95	13.39	0.73	0.46	1.00	0.48

（续表）

饲料名称	粗蛋白 CP（%）	鸡代谢能 MT/千克	猪消化能 MT/千克	肉牛增重净能 MT/千克	奶牛产奶净能 MT/千克	羊消化能 MT/千克	赖氨酸（%）	蛋氨酸（%）	苏氨酸（%）	色氨酸（%）
鱼粉	53.5	12.13	12.93	5.05	6.74	13.14	3.87	1.39	2.51	0.6
血粉	82.8	10.29	11.42	3.13	5.61	10.04	6.67	0.74	2.86	1.11
肉骨粉	50.0	9.96	11.84	4.53	5.98	11.59	2.6	0.67	1.63	0.26
啤酒糟	24.3	9.92	9.41	3.9	5.82	10.8	0.72	0.52	0.81	0.28
啤酒酵母	52.4	10.54	14.81	5.1	6.99	13.43	3.38	0.83	2.33	0.21
乳清粉	12.0	11.42	14.39	6.39	7.2	14.35	1.1	0.2	0.8	0.2
菜籽油		38.53	36.35	23.77	20.97	37.33				

表13-3 干草营养价值表

饲料名称	干物质 DM（%）	粗蛋白 CP（%）	粗脂肪 EE（%）	粗纤维 CF（%）	粗灰分 ASH（%）	钙 Ca（%）	磷 P（%）	赖氨酸（%）	蛋氨酸（%）	苏氨酸（%）	色氨酸（%）	猪消化能 MT/千克	鸡代谢能 MT/千克
干苜蓿（三级）	90.0	15	3.3	28.4	6.8	1.3	0.09						
燕麦草	93.0	6.9	2.45	30.0	15	0.6	0.25						
蚕豆秸秆	90.3	5.23	3.29	48.15	9.45	1.13	0.06						
豌豆秸秆	91.2	6.55	0.44	46.79	5.46	1.62	0.03						
小麦秸秆	90.0	3.0	1.89	31.35	11.01	0.62	0.19						
油菜秸秆	89.77	4.6	0.6	46.34	7.43	1.32	0.19						
玉米秸秆	89.8	3.5	0.8	33	8.4	0.46	0.12						

表13-4 常见饲料成分及脂肪酸含量

原料名称	干物质 DM（%）	粗蛋白 CP（%）	粗脂肪 EE（%）	月桂酸 C12:0 %TFA	豆蔻酸 C14:0 %TFA	棕榈酸 C16:0 %TFA	棕榈油酸 C16:0 %TFA	硬脂酸 C18:0 %TFA	油酸 C18:1 %TFA	亚油酸 C18:2 %TFA	亚麻酸 C18:3 %TFA	总脂肪酸 TFA %EE
玉米	86.0	8.7	3.6		0.1	11.1	0.4	1.8	26.9	56.9	1.0	84.6
小麦	87.0	13.4	1.7		0.1	17.8	0.4	0.8	15.2	56.4	5.9	75.2
麸粉	87.0	13.6	2.1		0.1	17.8	0.4	0.8	15.2	56.4	5.9	79.2
大豆粕	89.0	44.2	1.9		0.1	10.5	0.2	3.8	21.7	53.1	7.4	76.0
棉籽粕	90.0	43.5	0.5	0.5	0.9	23.0	0.9	2.4	17.2	52.3	0.2	74.9
菜籽粕	88.0	38.6	1.4		0.1	4.2	0.4	1.8	58.0	20.5	9.8	79.4

注：部分饲料中脂肪酸含量以资料来源值为准

（二）肉牛、绵羊精料标准（表13-5、表13-6）

表13-5 绵羊用精饲料营养成分指标

类别	粗蛋白（%）≥	粗纤维（%）≤	粗脂肪（%）≥	粗灰分（%）≤	钙（%）≥	磷（%）≥	食盐（%）
生长羔羊	16	8	2.5	9	0.3	0.3	0.6~1.2
育成公羊	13	8	2.5	9	0.4	0.2	1.5~1.9
育成母羊	13	8	2.5	9	0.4	0.3	1.1~1.7
种公羊	14	10	3	8	0.4	0.3	0.6~0.7
妊娠羊	12	8	3	9	0.6	0.5	1.0
泌乳期母羊	16	8	3	9	0.7	0.6	1.0

GB/T 20807—2006

表13-6 肉牛精料补充料

SB/T 10079—92

产品级别 指标	粗蛋白 (%) ≥	粗脂肪 (%) ≥	粗纤维 (%) ≤	粗灰分 (%) ≤	钙% 	磷% 	食盐% 	适用范围
一级料	17	2.5	6	9	0.5~1.2	0.4	0.3~1.0	犊牛阶段育肥牛
二级料	14	2.5	8	7	0.5~1.2	0.4	0.3~1.0	生长期牛
三级料	11	2.5	8	8	0.5~1.2	0.3	0.3~1.0	育肥牛

注：精料补充料占日粮比例：犊牛55%~65%，育肥牛80%

（三）绵羊生产指标及计算公式

1. 总增率

总增率是衡量畜牧业生产成绩的一项重要指标，反映畜牧业经营管理和畜群饲养水平情况。计算公式是：

$$总增值率（\%） = \frac{总增头数}{年初牲畜头数} \times 100$$

2. 出栏率

出栏率是衡量肉用牲畜生产水平与畜群周转速度的一项指标，牲畜的出栏头数是出售头数和自食头数的总和。计算公式是：

$$出栏率（\%） = \frac{本年内牲畜出栏头数}{年初牲畜头数} \times 100$$

3. 商品率

商品率是衡量畜牧业生产水平和商品化程度的一项指标，并间接地反映着畜牧业生产力水平的高低。计算公式是：

$$商品率（\%） = \frac{年内出售的牲畜头数}{年初牲畜头数} \times 100$$

4. 受配率

受配率表示本年度参加配种的母羊数量占羊群内适龄母羊数的百分率。主要反映羊群内适龄繁殖母羊的发情和配种情况。计算公式是：

$$受配率（\%） = \frac{配种母羊数}{适龄母羊数} \times 100$$

5. 受胎率

受胎率指的是本年度内配种后妊娠母羊数占参加配种的母羊数的百分率。实践中又细分为总受胎率和情期受胎率。

①总受胎率：指本年度受胎率母羊数与本期内参加配种母羊的百分率。反映母羊群中受胎率母羊数的比例。计算公式是：

$$总受胎率（\%）= \frac{受胎母羊数}{配种母羊数} \times 100$$

②情期受胎率：指在一定的期限内受胎母羊数占本期内参加配种的总发情母羊的百分率。反映母羊发情周期的配种质量。计算公式是：

$$情期受胎率（\%）= \frac{受胎母羊数}{情期配种数} \times 100$$

6. 产羔率

产羔率是指产出羔羊数与分娩母羊数的百分比。反映母羊妊娠及产羔情况的质量。计算公式是：

$$产羔率（\%）= \frac{出羊羔羊数}{分娩母羊数} \times 100$$

7. 繁殖率

繁殖率是指本年度内出生的羔羊数与上年度末适繁母羊数的百分比。反映羊群在一个繁殖年度里的增殖率。计算公式是：

$$繁殖率（\%）= \frac{本年度内出生的羔羊数}{上年度末适繁母羊数} \times 100$$

8. 羔羊成活率

羔羊成活率是指在本年度内，断奶成活的羔羊数与本年度出生羔羊数的百分比。反映羔羊培育成绩。计算公式是：

$$羔羊成活率(\%) = \frac{成活羔羊数}{出产羔羊数} \times 100$$

9. 繁殖成活率

繁殖成活率是指在本年度内断奶成活的羔羊数与本年度羊群中适龄繁殖母羊数的百分比。是母羊受配率、受胎率、产羔率、繁殖率及羔羊成活率的综合反映。计算公式是：

$$繁殖成活率(\%) = \frac{断奶成活率的羔羊数}{适龄繁殖母羊数} \times 100$$

10. 屠宰率

屠宰率是衡量绵羊产肉性能的重要指标之一。将静置后的胴体称重后，计算出屠宰率。计算公式是：

$$屠宰率(\%) = \frac{W_2}{W_1} \times 100$$

式中：W_1 代表宰前活重；W_2 代表胴体重；W_3 代表内脂重（包括网膜脂肪/肠系膜脂肪）。将称重后的胴体从颈部至尾椎沿着背中线部分为左右两片，左片为软半，右片为硬半。通常以半个胴体的百分值代表整个胴体重。

11. 净肉率

胴体经精剥皮剔骨之后，以实际称得的净肉重（W_3），再计算出净肉率。计算公式是：

$$净肉率(\%) = \frac{W_3}{W_1} \times 100$$

12. 胴体产肉率

胴体产肉率即体重与净肉重之比。计算公式是：

$$胴体产肉率（\%） = \frac{W_3}{W_2} \times 100$$

13. 骨肉比

胴体经精剔净肉后（允许带肉不超过 300 克），称实际的全部骨骼重量（W_5）。计算公式是：

$$骨肉比（\%） = \frac{W_3}{W_5} \times 100$$

14. 眼肌面积测定

眼肌面积的大小是衡量肉羊胴体品质的指标之一。有两种测定方式：1 种方式是从胴体的第十二肋骨后缘横切断；另一种方式是用硬半片胴体，部位也是在第 12 肋骨后缘顺切开。测定方法有两种；

①用硫酸纸描绘眼肌横断面轮廓图：用硫酸纸巾在横断的眼肌面上，用软质铅笔沿眼肌面的边缘描下轮廓。计算公式是：

眼肌横截面积（厘米） = 眼肌肉高度 × 眼肌宽度 × 0.79

此法评定眼肌面积简便、准确，且效率高。

②眼肌指数法：可表示羊胴体肉量。指数越高，胴体产肉量越高。计算公式是：

$$眼肌影像型指数（\%） = \frac{眼肌高度}{眼肌宽度} \times 100$$

15. 饲料转化率

它直接反映饲料报酬和饲养管理水平。常用消耗一定的饲料所获得的畜产品的数量表示。计算公式是：

$$饲料转化率（\%） = \frac{饲料消耗总量}{产品或增重总量} \times 100$$

(四) 饲料添加剂安全使用规范公告

中华人民共和国农业部公告 (第 1224 号)

根据《饲料和饲料添加剂管理条例》有关规定, 为指导饲料企业和养殖单位科学合理使用饲料添加剂, 提高饲料和养殖产品质量安全水平, 保护生态环境, 促进饲料产业和养殖业持续健康发展, 我部制定了《饲料添加剂安全使用规范》(以下简称《规范》)。

一、本次公告的《规范》中, 涉及《饲料添加剂品种目录(2008)》中氨基酸、维生素、微量元素和常量元素的部分品种, 其余饲料添加剂品种的《规范》正在制定过程中, 待制定完成后将陆续公布。

二、《规范》中含量规格一栏仅公布了饲料添加剂产品的主要规格。

三、《规范》中"在配合饲料或全混合日粮中的最高限量"为强制性指标, 饲料企业和养殖单位应严格遵照执行。

本公告自发布之日起生效。

特此公告

(五) 部分饲料添加剂安全使用规范 (参见农业部 1224 号公告)

1. 氨基酸

通用名称	含量规格（%）	适用动物	在配合饲料或全混合日粮中的推荐用量（%，以氨基酸计）	在配合饲料或全混合日粮中的最高限量（%，以氨基酸计）
L-赖氨酸盐酸盐	≥98.5（以干基计）	养殖动物	0～0.5	—
DL-蛋氨酸	≥98.5	养殖动物	0～0.2	鸡0.9
L-苏氨酸	≥97.5（以干基计）	养殖动物	畜禽0～0.3	—

2. 维生素

通用名称	含量规格（%，以维生素计）	适用动物	在配合饲料或全混合日粮中的推荐用量（以维生素计）	在配合饲料或全混合日粮中的最高限量（以维生素计）
维生素 A 乙酸酯	粉剂≥50万	养殖动物	牛2 000～4 000IU/千克 羊1 500～2 400IU/千克 猪1 300～4 000IU/千克	—
维生素 D$_3$	粉剂≥50万	养殖动物	牛275～450IU/千克 羊150～500IU/千克 猪150～500IU/千克	牛4 000IU/千克
DL-生育酚乙酸酯（维生素E）	粉剂≥500IU/千克	养殖动物	牛15～60IU/千克 羊10～40IU/千克 猪10～100IU/千克	—

牛羊规范化养殖技术手册

3. 微量元素

通用名称	化学式或描述	含量规格（%，以元素计）	在配合饲料或全混合日粮中的推荐用量（毫克/千克，以元素计）	在配合饲料或全混合日粮中的最高限量（毫克/千克）
硫酸亚铁	$FeSO_4 \cdot H_2O$	≥30.0	牛 10~50 羊 30~50 猪 40~100	牛 750 羊 500
硫酸铜	$CuSO_4 \cdot 5H_2O$	≥25.0	牛 10 羊 7~10 猪 3~6	牛精补料中 35 羊精补料中 25 猪 35~150
硫酸锌	$ZnSO_4 \cdot H_2O$	≥34.5	肉牛 30 奶牛 40 猪 40~110	代乳料 200 鱼类 200 宠物 250、其他动物 150
硫酸锰	$MnSO_4 \cdot H_2O$	≥31.8	肉牛 20~40 奶牛 12 猪 2~20	鱼类 100 其他动物 150
碘化钾	KI	≥74.9（以干基计）	牛 0.25~0.80 羊 0.1~2.0 猪 0.14	蛋鸡 5 奶牛 5 水产动物 20 其他动物 10
氯化钴	$CoCl_2 \cdot 6H_2O$	≥24.0	牛、羊 0.1~0.3	2
亚硒酸钠	Na_2SeO_3	≥44.7	畜禽 0.1~0.3	0.5

（六）养殖场常用记录表

生产记录（按时间或变动记录）

圈舍号	时间	变动情况（数量）				存栏数	备注
		出生	调入	调出	死淘		

注：1. 圈舍号：填写畜禽饲养的圈、舍、栏的编号或名称。不分圈、舍、栏的此栏不填。

2. 时间：填写出生、调入、调出和死淘的时间。

3. 变动情况（数量）：填写出生、调入、调出和死淘的数量。调入的需要在备注栏注明动物检疫合格证明编号，并将检疫证明原件粘贴在记录背面。调出的需要在备注栏注明详情的去向。死亡的需要在备注栏注明死亡和淘汰的原因。

4. 存栏数：填写存栏总数，为上次存栏数和变动数量之和

饲料、饲料添加剂和兽药使用记录

开始使用时间	投入产品名称	生产厂家	批号/加工日期	用量	停止使用时间	备注

注：1. 养殖场外购的饲料应在备注栏注明原料组成。

2. 养殖场自加工的饲料在生产厂家栏填写自加工，并在备注栏写明使用的药物饲料添加剂的详细成分

消毒记录

时间	消毒场所	消毒药名称	消毒方法	操作员签字

注：1. 时间：填写实施消毒的时间。

2. 消毒场所：填写圈舍、人员出入通道和附属设施等场所。

3. 消毒药名称：填写消毒药的化学名称。

4. 用药剂量：填写消毒药的使用量和使用浓度。

5. 消毒方法：填写熏蒸、喷洒、浸泡、焚烧等

免疫记录

时间	圈舍号	存栏数量	免疫数量	疫苗名称	疫苗生产厂	批号（有效期）	免疫方法	免疫剂量	免疫人员	备注

注：1. 时间：填写实施免疫的时间。

2. 圈舍号：填写动物饲养的圈、舍、栏的编号或名称。不分圈、舍、栏的此栏不填。

3. 批号：填写疫苗批号。

4. 数量：填写同批次免疫畜禽的数量，单位为头、只。

5. 免疫方法：填写免疫的具体方法，如喷雾、饮水、滴鼻点眼、注射等

诊疗记录

时间	畜禽标识编码	圈舍号	日龄	发病数	病因	诊疗人员	用药名称	用药方法	诊疗结果

注：1. 畜禽标识编码：填写15位畜禽标识编码中标识顺序号，按批次统一写。猪、牛、羊以外的畜禽养殖场此栏不填。

2. 圈舍号：填写动物饲养的圈、舍、栏的编号或名称。不分圈、舍、栏的此栏不填。

3. 诊疗人员：填写作出诊断的结果的单位，如某某动物疫病预防控制中心。职业兽医填写职业兽医的名字。

4. 用药名称：填写使用药物的名称。

5. 用药方法：填写药物使用的具体方法，如口服、肌肉注射、静脉注射等

防疫监测记录

采样日期	圈舍号	采样数量	监测项目	检测单位	检测结果	处理情况	备注

注：1. 圈舍号：填写动物饲养的圈、舍、栏的编号或名称。不分圈、舍、栏的此栏不填。

2. 监测项目：填写具体的内容，如布氏杆菌病监测、口蹄疫免疫抗体监测等。

3. 监测单位：填写实施监测的单位名称，如某某动物疫病预防控制中心。企业自行监测的填写自检。企业委托社会监测机构监测的填写受委托机构的名称。

4. 监测结果：填写具体的监测结果，如阴性、阳性、抗体效价数等。

5. 处理情况：填写针对监测结果对畜禽采取的处理方法。如针对结核病监测阳性牛的处理情况，可填写为对阳性牛全部予以扑杀。针对抗体效价低于正常保护水平的，可填写为对畜禽进行重新免疫

病死畜禽无害化处理记录

日期	数量	处理或死亡原因	畜禽标识编码	处理方法	处理单位 （或负责人）	备注

注：1. 日期：填写病死畜禽无害化处理日期。

2. 数量：填写同批次处理病死畜禽的数量，单位为头、只。

3. 处理或死亡原因：填写实施无害化处理的原因，如染疫、正常死亡、死因不明等。

4. 畜禽标识编码：填写十五位畜禽标识编码中的标识顺序号，按批次统一填写。猪、牛、羊以外的畜禽养殖场此栏不填。

5. 处理方法：填写《畜禽病害肉尸及其产品无害化处理规程》GB16548 规定的无害化处理方法。

6. 处理单位：委托无害化处理场实施无害化处理的填写单位名称；由本厂自行实施无害化处理的由实施无害化处理的人员签字

参考文献

[1] 周占琴.农区科学养羊技术问答.北京：金盾出版社，2013.

[2] 青海省畜牧总站.牛羊育肥技术.西宁：青海人民出版社，2010.

[3] 罗晓瑜，刘长青.肉牛养殖主推技术.北京：中国农业科学技术出版社，2013.

[4] 冯仰廉.反刍动物营养学.北京：科学出版社，2004.